超入門！
ゼロから学ぶ水処理技術

よくわかる最新水処理技術の基本と仕組み

三菱ケミカルアクア・ソリューションズ 著

発行：ダイヤモンド・ビジネス企画　発売：ダイヤモンド社

まえがき

私ども三菱ケミカルアクア・ソリューションズ株式会社（MCAS）は、1952年に発足の日本錬水(株)を母体の一つとしています。当社は三菱化成工業(株)(当時)が開発・製造を開始したイオン交換樹脂「ダイヤイオン™」の販売代理店として事業を開始し、以来70年にわたり水処理事業、分離精製事業に携わってまいりました。その後、排水処理、地下水膜ろ過事業、そして2021年には、植物工場事業を開始し今日に至っています。

本書は、MCASの新入社員向けに事業内容についての入門書として執筆したものを、水処理、分離精製事業に従事の方や興味をお持ちの皆さんに広く読んでいただきたいと考え、わかりやすく解説することをめざしました。

本書を通しまして、多くの皆さまの水処理、分離精製技術に関する知識向上の一助としてご活用いただけると幸いです。

三菱ケミカルアクア・ソリューションズ株式会社（MCAS）
書籍制作チーム

目　次

CHAPTER 1
用水事業

CHAPTER 2
カスタマー事業（メンテナンス部門）

CHAPTER 3
地下水事業

CHAPTER 4
医療用水事業（メディカル部）

CHAPTER 5
排水処理事業

CHAPTER 6
レンスイ™薬品シリーズ

CHAPTER 7
分離精製事業

CHAPTER

1

用水事業

用水事業とは

用水事業では、主にろ過水や軟水、純水の製造装置と、さらに高度な超純水や医療用水の製造装置の設計・製造・販売を行っています。軟水とは、カルシウムやマグネシウムなどの金属イオンの含有量が少ない、硬度が低い水のことです。そして純水とは、不純物を含まないかほとんど含まない、純度の高い水のことです。水道水やミネラルウオーターには塩素やカルシウム、マグネシウムなどの物質が含まれていますが、純水にはこれらの物質がほとんど含まれていません。

これらの装置については、標準型装置を提供するだけでなく、オーダーメイドの装置の計画や設計、製作、そしてメンテナンスも承っています。また、カートリッジ純水器の再生事業も行っています。

つまり用水事業とは、水をきれいにする設備を扱う事業と言えます。

水をきれいにするという面で似ている事業には、地下水を飲料用にできるまでにきれいにする地下水事業（CHAPTER 3参照）や排水を川や海に放出できるまでにきれいにする排水処理事業（CHAPTER 5参照）がありますが、用水事業では自然界の水や水道水を、工業用や医療用にきれいにすることが目的です。

したがって用水事業で扱う原水には、毒物や重金属などの危険物質は含まれていません。

医療用水では製造された水が直接体内に入るため、さらに危険な自然界の毒性物質や微生物などを完全に取り除く必要があります。

軟水の用途

用水事業で製造する水には軟水と純水があります。

そこでまず、軟水について説明します。

軟水を使用するのは、スケール障害を発生させないためです。スケールとは、水中に含まれているシリカやカルシウム、マグネシウム、鉄、バリウムなどの無機塩類が析出（液体から固体が分離生成する現象）した物質のことで、これら硬度成分（スケール成分）を含んだ水を硬水といいます。

この硬水がボイラーや冷却塔、加湿器に供給され、配管部分や熱交換部分で析出してしまうと、配管が詰まるなどして機能の低下や故障を引き起こす原因となります。

あるいは硬度成分が高い水を飲料水として利用する場合には味が悪くなり健康を害することもあります。また、石鹸の泡立ちも悪くなります。浴室の石鹸が固くなる原因の一つも、硬水に含まれるカルシウムやマグネシウムの影響です。

このようなスケール障害を起こす恐れのある用途では、硬度（カルシウムやマグネシウム）を取り除いた軟水を使用します。

純水の用途

純水の用途は次の通り多岐にわたります。

・化学工業や機械工業用の機器などの洗浄（水垢防止）
・化学や生物学関係の実験、実験器具の洗浄（水垢防止）
・半導体などの電子部品や電子回路基板、液晶パネル用ガラスなどの製造、洗浄（水垢防止）
・食品、飲料製品等の製造用水（水質安定）
・医療用水・医薬用水（水質安定、水垢防止）
・ボイラー、加湿器、微細ノズルなど（水垢防止）
・蓄電池の電解液調整水（水質安定、水垢防止）
・コンタクトレンズ等の医療器具メンテナンス（水質安定、水垢防止）

低圧のボイラーなどでは軟水も使用されますが、高温・高圧になるボイラー設備などでは水を有効利用するために蒸発率を高めます。そのような設備では、水に溶けていたスケール成分以外の不純物がさらに濃縮され、析出してしまうのを防ぐために純水を使用する必要があります。

また、実験器具などを洗浄する場合にも、水道水をそのまま使用すると分析結果に影響を与えてしまう不純物が混入されてしまいますので、やはり純水を使用する必要があります。

そして蓄電池の電解液調整水でも塩が含まれると問題が発生するため、純水が必要になります。

さらに、半導体の製造においては半導体チップ上に微細な配線が行われているため、わずかな不純物が混入するだけでもショートの原因となります。そのため、純水をさらに高純度化した超純水による洗浄が必要になります。

一方、食品や飲料の製造では、高品質な味を安定させるために不純物が含まれていない純水を使用することが多くなります。天然水使用をPRしている清涼飲料水もありますが、わずかな成分の違いでさえも味や香りに影響するので、使用できる水源や水量は限られています。水資源保護の観点からも、純水での清涼飲料水製造は必要なことです。

なお、医療用水については別途後述します。

純水（軟水）の製造

それでは純水（軟水）を製造する方法について説明します。

まず、純水装置は脱塩装置であるという説明がされていることがありますが、これは厳密には誤りです。

脱塩装置で取り除けるのは水に溶けているイオン成分だけで、他のゴミ（懸濁物質）や不純物（非イオン性の有機物）を取り除くことができません。

そのため純水を製造するためには脱塩装置だけでなく、他の装置も組み合わせる必要があります。

純水を製造する装置を、例えば河川水のような汚れが強い水を前提に組み合わせると、次のようなフルセットの設備になります。

殺菌→除砂装置→除鉄、除マンガン装置→除濁装置→残留塩素除去・有機物除去→脱塩装置（純水装置）

【図表1-1】純水（軟水）製造工程（代表例・機能・理由）

	殺菌 ⇒	除砂装置 ⇒	除鉄・除マンガン装置 ⇒	除濁装置 ⇒	残留塩素除去 有機物除去 ⇒	脱塩装置 （純水装置）
代表作	（次亜塩素酸添加）	サイクロン式除砂装置 ろ過装置 （フィルター）	接触酸化 （空気ばっ気：除鉄のみ）	凝集沈殿 加圧浮上 凝集ろ過 ・二層式 ・長毛繊維式 活性炭ろ過 フィルター（MF）	活性炭処理 （還元剤添加　遊離塩素除去） （促進酸化）	イオン交換法 逆浸透（RO）膜法 RO⇒電気再生式脱塩装置（EDI）法 RO⇒イオン交換法 ※）軟水はイオン交換法のみ
機能	殺菌 有機物分解	砂など大きめの粒子を除去	Fe^{2+}、Mn^{2+}の除去	懸濁物質を除去 有機物除去	遊離塩素を除去 有機物除去	イオン交換（除去）
理由	性能低下	性能低下	性能低下 スケール発生	性能低下	腐食 イオン交換法脱塩装置では除去できない有機物がある	イオン（水垢）が残留する

※　供給水の由来や水質により取捨選択する

※　Fe^{2+}・・・鉄イオン、Mn^{2+}・・・マンガンイオン

この設備はフルセットですから、実際の原水に合わせて不要な設備は省いてコストダウンしていきます。例えば原水が上水道や工業用水であれば、殺菌や除砂はすでに施されているので不要となります。

その他の原水ごとに必要な装置の組み合わせは【図表1-2】のようになります（あくまで一例です）。

【図表1-2】原水ごとに必要な装置の組み合わせ

前処理操作の選定：原水の水源、水質、処理水の用途、処理水水質要求値、
水処理設備の規模、予算などを考慮して選定

前処理の目的	前処理操作	河川水	工業用水	地下水	上水
殺菌	次亜塩素酸ソーダ添加	○	○	○	
懸濁物質除去	サイクロン式除砂	○		○	
	凝集沈殿分離	○			
	凝集浮上分離	○	○		
	二層ろ過（アンスラサイト／砂）	○	○	○	○
	マイクロフロックろ過（凝集ろ過）	○	○	○	○
	膜ろ過（MF、UF）	○	○	○	○
	繊維ろ過	○	○	○	○
鉄・マンガン除去	接触酸化			○	
有機物除去	活性炭	○	○	○	○
	逆浸透	○	○	○	○
	促進酸化（オゾン－紫外線照射など）	○	○	○	
残留塩素除去	活性炭	○	○	○	○
	還元剤添加	○	○	○	○

また、原水に応じて装置を省くだけでなく、場合によっては追加もします。

例えば【図表1-2】の中で、原水が地下水の場合だけ「鉄・マンガン除去」を目的とする装置が必要になっていますが、これは地下水では酸素が少ないため、鉄がサビになるまでには酸化されずに水に溶け込んでいる場合があるためです。その場合は懸濁物質として除去できないため、除鉄装置が必要になります。

また、地下水には河川水には含まれていないマンガンも溶けているため、除去する装置が必要となります。

それでは各装置の処理内容について見ていきます。

除砂装置：サイクロン式除砂装置

除砂装置としてはサイクロン式除砂装置と呼ばれる装置を使用します。「除砂」と「除濁」の違いは、勝手に沈んでいくものが砂、沈まないものを濁と呼び分けています。

この砂を取り除く装置がサイクロン式除砂装置です。

【図表1-3】サイクロン式除砂装置 RS型

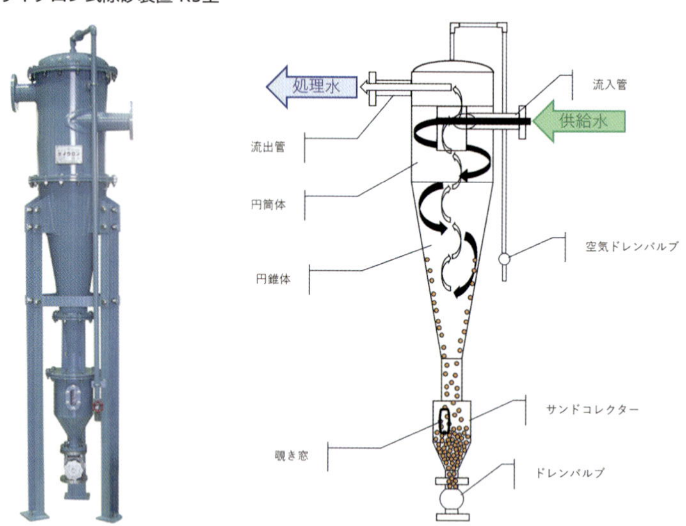

砂を取り除くサイクロン式除砂装置の原理は、サイクロン式掃除機と同じです。つまり遠心器です。装置の上部から水を入れると装置の中で旋回流が生じます。そして一旦下に向かって回転しながら流れていき、底部に達するとやはり回転しながら上方に流れて最上部から排水されます。

このときに回転する遠心力で、装置の壁側に濁土が寄せられて落ちていき取り除かれます。そして底部の集塵箱に集まった砂を定期的に取り出します。

この装置の長所は、フィルターなどの消耗品を使用していないので交換の必要がないことです。また、単純で堅牢な構造ですので、サビたり破損したりしない限りは使い続けることができ、砂を取り除く装置としては優れています。

除濁装置：ろ過装置

次にろ過により濁を除去するろ過装置について説明します。

この装置も仕組みはシンプルです。

ろ過装置の中には様々なろ過材が使われます。よく使われるのはアンスラサイト（粉砕無煙炭）と砂、ガーネットです。アンスラサイトは石炭（無煙炭）を粉砕して粒状にしたものです。

【図表1-4】ろ過装置 RSF/ARSF型

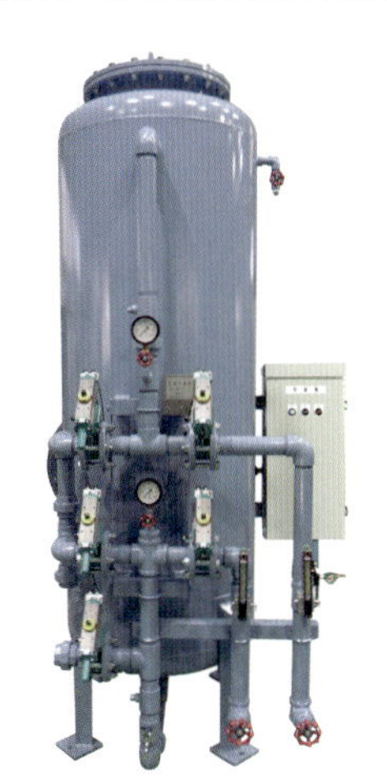

【図表1-5】アンスラサイトの使用例（多層ろ過）

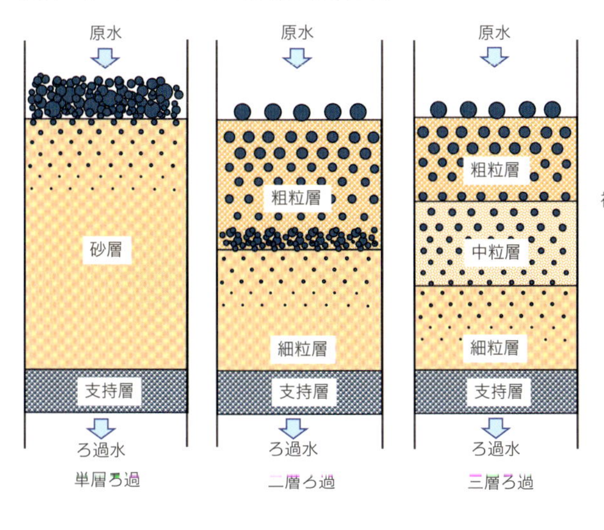

また、ろ過材の層も単層から三層などいろいろな組み合わせがありますが、よく使われるのは二層です。

砂だけの単層の場合、ほとんどの不純物が上の砂に捉えられて下のほうの砂は使われなくなることが多くあります。その結果、上部の隙間が徐々に狭くなり、表面だけが使われて下側が使われなくなってしまうのです。

そこで多くの場合は二層以上にして、上側に粗いアンスラサイトを入れて下側に細かな砂を入れます。つまりろ過材全体を有効活用するために、敢えて上側を粗くするのです。

ろ過材は硬く耐久性が高いので長く使用できますが、不純物が溜（た）まってくると性能が下がるため、定期的に下側から水を押し上げることでろ過材を踊らせて濁質を追い出します。この洗浄方法を「逆洗」と呼びます。逆洗の前に、空気を送り込む「バブリング」を実施するとさらに効果的に濁質を追い出せます。

このとき、ろ過材同士が擦れ合って摩耗しますので、必要に応じてろ過材を補充します。

ろ過装置が優れている点は、原水の状態に合わせてろ過材の種類や組み合わせを選べることです。

そのため、大きな不純物から微細な不純物まで幅広く除去することができます。特に微細なコロイド（0.1〜0.001μm［マイクロメートル］程度の微粒子）などの濁質に対しては凝集剤を投入することで濁質を大きな塊（フロック）にしてろ過材で捉えられるようにします。

このように、ろ過装置ではろ過材の組み合わせ方や凝集剤との組み合わせにより応用範囲を広げることができます。例えば除鉄・除マンガン装置として使用することもできますし、活性炭を入れれば残留塩素の除去や有機物の除去もできる装置になります。

除濁装置：長毛繊維ろ過装置

ろ過材に長毛繊維を用いた繊維ろ過装置（レンスイファイバー™）を説明します。

【図表1-6】繊維ろ過装置 レンスイファイバー™REF型

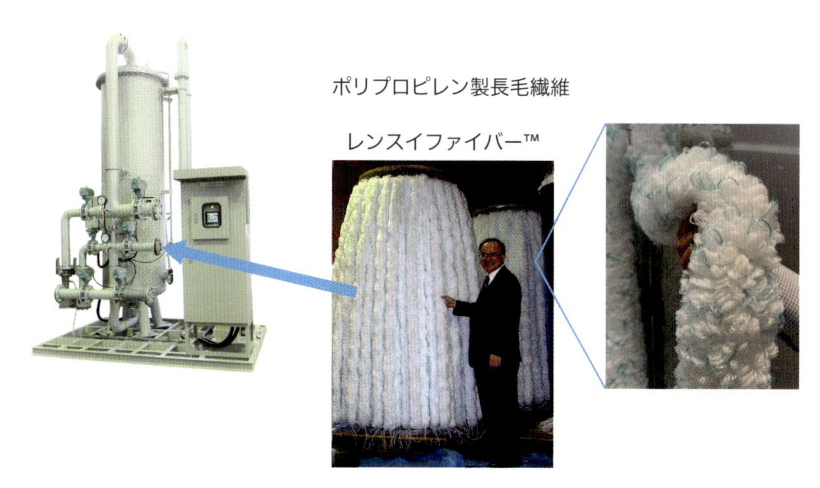

繊維ろ過装置ではポリプロピレン製長毛繊維をろ過材として入れます。

繊維ろ過装置でろ過する長所の一つは、ろ過材の空隙率が高いので通常のろ過装置の約４～６倍の速度で処理できることです。そのため短時間で高濁度の水も処理できます。

また、装置がコンパクトであるため省スペースが実現できます。

さらに突発的に汚れが強くなった濁水に対しても高い処理能力を示します。

例えば台風により激しく濁った河川水などを原水としたケースでは、通常のろ過装置は数時間も持たずに目詰まりしてしまいます。

一方、繊維ろ過装置は半日～１日程度の処理能力が維持されます。

なお、繊維ろ過装置は、ろ過を開始すると繊維ろ過材が下方へ加圧されて繊維ろ過材が収縮するため、より密度の高いろ過を行うことができます。一方、繊維ろ過材自体はひもで吊るされているのでろ過材の上部は収縮しません。つまり一種類のろ過材で二層ろ過を形成することができるのです。

【図表1-7】繊維ろ過装置のろ過工程

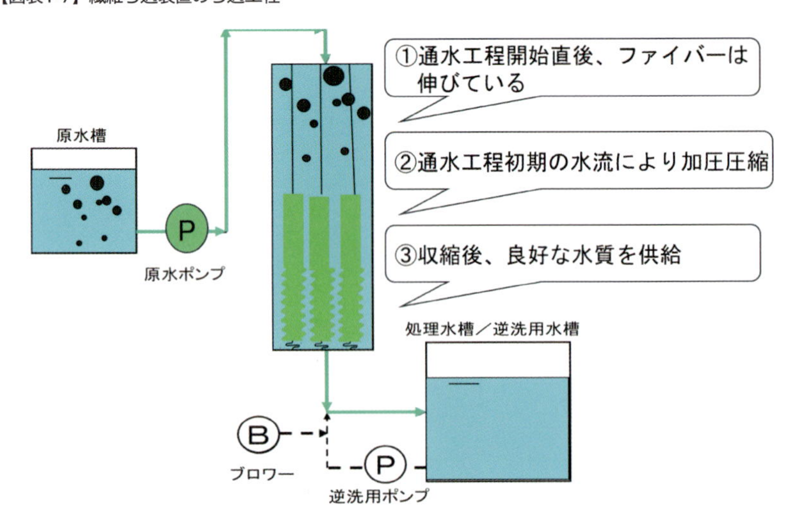

また、繊維ろ過装置は逆洗時に強い水流を当てることができます。

一般的なろ過材を使用したろ過装置では強すぎる水流による逆洗を行うと、ろ過材が上部から流出してしまう可能性があります。

しかし繊維ろ過装置では繊維ろ過材が下部で結束されているため強い水流を当ててても繊維ろ過材が流出することはありません。

【図表1-8】繊維ろ過装置の逆洗工程

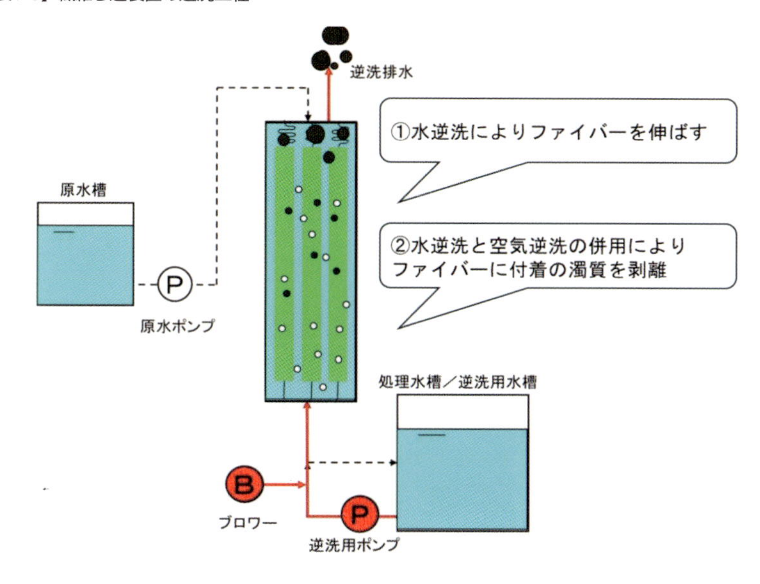

しかも逆洗時にはファイバーが伸びているので、表面の汚れが取れやすくなります。

さらに繊維ろ過装置はメンテナンス性にも優れています。

一般的なろ過材を使用したろ過装置では上部のマンホールを開けてバケツなどを使ってろ過材を取り出すなどの作業が発生しますが、繊維ろ過装置では【図表1-9】の通り、繊維ろ過材カートリッジの交換だけで済みます。

【図表1-9】繊維ろ過装置のろ過材カートリッジ交換

除砂装置・除濁装置：凝集沈殿装置

ろ過装置ではすぐに目詰まりしてしまうような濁質の高い原水を浄化する場合には、凝集沈殿装置を使用します。

【図表1-10】凝集沈殿装置一例

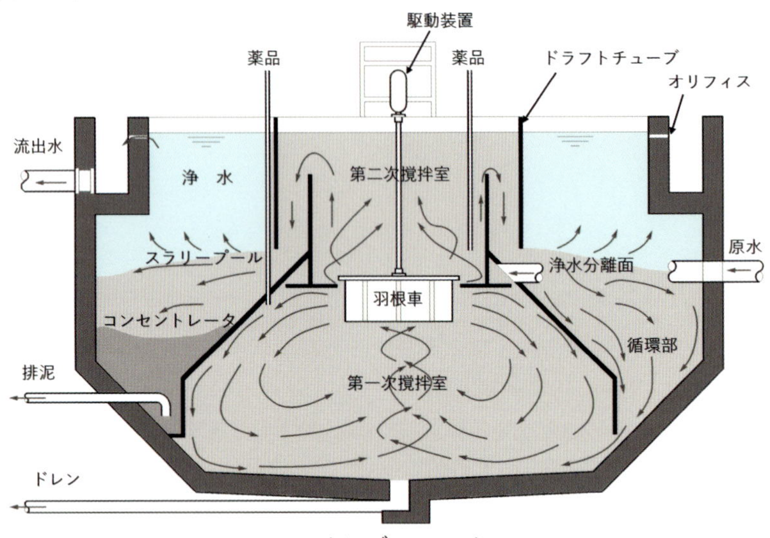

ハイセディエーター

凝集沈殿装置の除去対象は懸濁物質です。懸濁物質とは水中に浮遊する不溶解性物質の総称で、粒径が 2 μm以下で浮遊物質とも呼ばれます。懸濁物質が水質指標として使われる場合は重量濃度（mg/L）で表されます。また、懸濁物質はSS（Suspended Solids）と表記される場合もあります。

懸濁物質はマイナス電荷を帯びていることから互いに反発し合ってブラウン運動を生じているため沈みにくい性質を持っています。ブラウン運動とは、液体や気体中に浮遊する微粒子が不規則に運動する現象です。

つまり、いつまでも水が濁った状態にとどまってしまうのです。

【図表1-11】電気二重層モデル

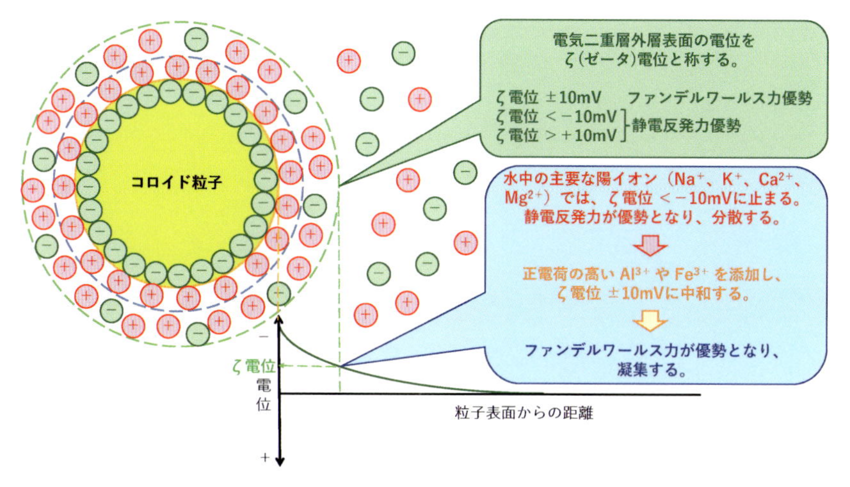

そこでアルミニウムや鉄などの正電荷が高い物質(3価の陽イオン)を投入することで、負電荷が中和され、懸濁物質が引き寄せ合って固まるようになります。つまり、電子が余っている懸濁物質に電子が不足している物質を加えてあげるわけです。この原理はシュルツ・ハーディの法則により説明されています。

分子同士が結合する力をファンデルワールス力と呼びます。この力は、コロイド粒子間においてはその内部の分子間力が合成されてかなり遠距離まで作用するとされています。懸濁物質の静電反発よりもファンデルワールス力が大きくなると懸濁物質がブラウン運動から逃れて沈殿するようになります。

また、アルミニウムや鉄は懸濁物質の表面で水酸化物($Al(OH)_3$、$Fe(OH)_3$)となります。これがゼリー状の性質を持ち、糊(のり)のように作用してより強固な凝集沈殿物を形成し、沈降しやすくします。この原理を利用した装置が凝集沈殿装置で、添加するアルミニウム剤や鉄剤を無機凝集剤と呼びます。代表的な無機凝集剤としては、硫酸アルミニウム(硫酸バンド)、ポリ塩化アルミニウム(PAC)、塩化第二鉄、ポリ硫酸第二鉄等が挙げられます。また、凝集沈殿物をさらに強固にするため、助剤として高分子凝集剤と呼ばれる有機薬剤を添加することもあります。

この原理を実現するためには水を適正なpHに調整する必要があります。酸性とアルカリ性のどちらかに傾くと、凝集した懸濁物質(無機凝集剤)が溶けてしまうためです。

そのために凝集沈殿装置は一般的に第1室から第3室に分かれており、第1室(pH調整槽)でpH調整した後に、第2室(凝集槽)、第3室(沈殿槽)に送られます。

なお、高分子凝集剤を添加する場合は、凝集槽を2室に分け、【図表1-12】のように全4室構成にします。

凝集沈殿装置は重力を利用して沈殿させる装置であるために、特に沈殿槽の規模が大きくなり処理速度は遅くなります。

【図表1-12】凝集沈殿装置の処理工程

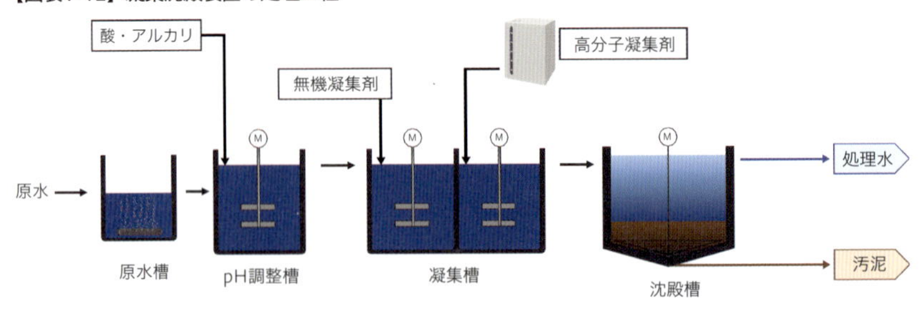

凝集物（フロック）は沈殿し濃縮汚泥として定期的に抜き取り、処理水は上澄み液として排出。

除砂装置・除濁装置：加圧浮上装置

水中にフミン質と呼ばれる有機物が多く含まれている場合、フミン質は比重が軽いために凝集させても沈まない場合があります。フミン質とは植物等の有機物が微生物によって分解されて発生した有機化合物で、自然環境中ではそれ以上分解されない状態の物質です。フミン質は腐食質とも呼ばれ、腐葉土が溶けた地下水や川に含まれます。つまり、植物の枯死体が微生物で分解された高分子有機物で、褐色のフミン酸やフルボ酸が含まれています。

このように沈殿しない凝集不純物に対しては、逆に浮かせて取り除こうという発想で設置されるのが加圧浮上装置です。

加圧浮上装置の原理は、槽の下に加圧水を送り込んで気泡を発生させることで、その気泡が凝集物（フロック）の表面に付着することでフロックを浮かび上がらせ、その浮かび上がったフロックを掻き取って取り除くというものです【図表1-13】。

【図表1-13】加圧浮上装置の基本フロー

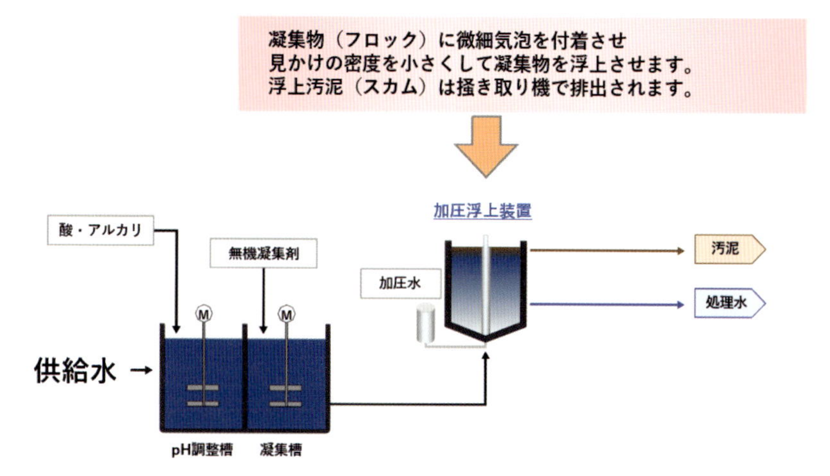

加圧浮上装置の「加圧」とは、空気を高圧で水に溶かすことを示しています。温度が同じであれば、圧力が高いほど水に溶ける気体の量が増えることをヘンリーの法則と呼びます。

加圧して空気を溶かした水（加圧水）を槽の底部に送り込んで放出すると、圧力が下がって細かな気泡が発生します。

ただし、装置としては価格が高いことと広い設置スペースが必要になることが留意点です。

除濁装置：除濁膜装置

除濁膜装置は汚れが軽微な原水や、これまで紹介したろ過装置である程度きれいになった水に対して使用します。精密ろ過膜を用いるため、従来の凝集ろ過・砂ろ過では除去し切れなかった細かい粒子や細菌なども除くことができます。

精密ろ過膜は細いチューブ状が主流になっています。そのチューブの膜に非常に小さな穴が開いていて、外側に原水を流すことできれいな水だけが濾（こ）されてチューブの内側に流れる仕組みです。

【図表1-14】除濁膜装置例

【図表1-15】精密ろ過膜のチューブの仕組み

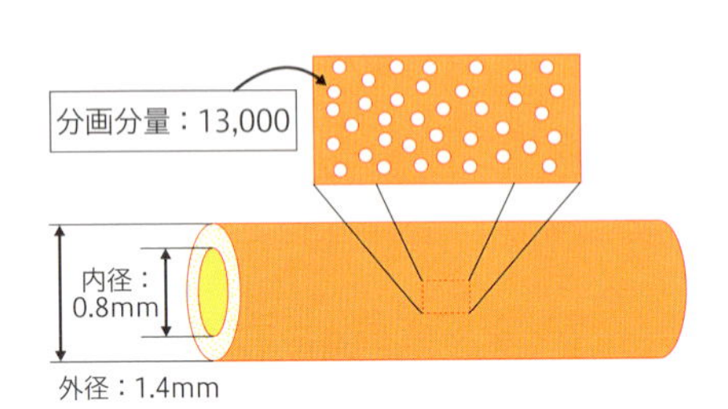

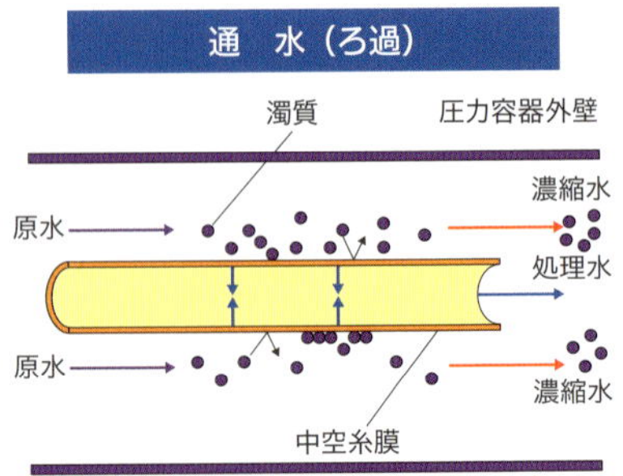

チューブの表面が懸濁物質で汚れやすいため、洗浄機構が装備されています。チューブの内側と外側に本来とは逆流になるように水を流すことで、チューブの表面についた懸濁物質を剥離して流し去ることができます。

また、原水に空気を混ぜることでチューブ表面の懸濁物質を剥離させてバブリング排水を行う空気洗浄もできます。さらに、細いチューブなので、空気で揺り動かされることで懸濁物質の振るい落とし効果も期待できます。

【図表1-16】精密ろ過膜のチューブの逆洗と空気洗浄

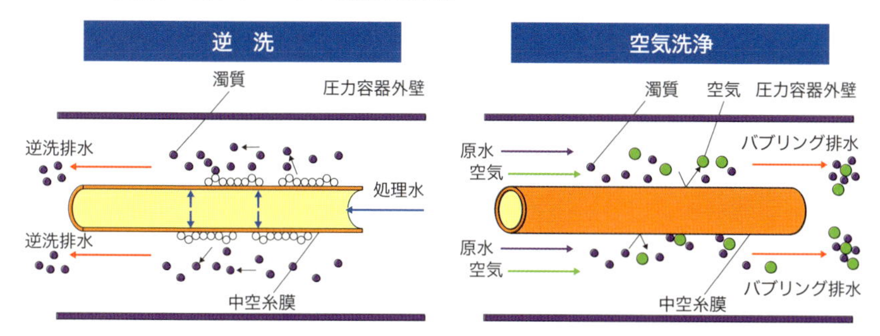

除濁膜装置の長所の一つは、凝集剤などの薬品を使用しないため排水が容易であることと、装置の規模や設置・運営コストの面からも導入しやすいことです。

特に飲料の製造では原水が水道水ですでにきれいな水を使用するため、除濁膜装置が適しています。

除鉄・除マンガン装置

除鉄・除マンガン装置とは、通常のろ過装置（P.13参照）に除鉄ろ過材を充填したものです。

【図表1-17】除鉄・除マンガン装置例

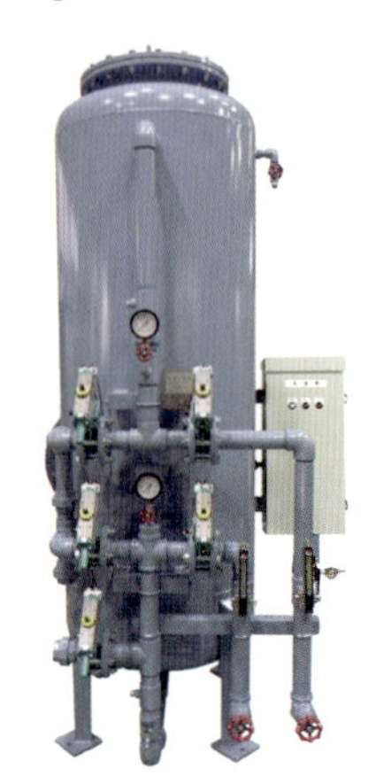

除鉄ろ過材は酸化触媒機能を持っているため、水中の鉄を酸化鉄（Fe_2O_3）にし、マンガンを二酸化マンガン（MnO_2）として沈殿させることで、水中から鉄・マンガンを除去します。

また、除鉄ろ過材自体がろ過材の機能を持っているため、沈殿化した酸化鉄（Fe_2O_3）と二酸化マンガン（MnO_2）を捕捉します。

その結果、純水を精製することも可能なほどに、鉄とマンガンを除去できます。

ただし、除鉄ろ過材の鉄やマンガンの捕捉量には限界があるため、定期的に逆洗して沈殿物を追い出す必要があります。

また、除鉄ろ過材の触媒機能には酸素や次亜塩素酸ナトリウムなどの酸素供給源を必要としますので、事前に空気を吹き込んだり次亜塩素酸ナトリウムを投入したりする必要があります。

活性炭ろ過装置

活性炭ろ過装置は様々な浄水施設で導入されています。

主な目的は有機物の吸着除去や残留塩素除去、あるいは界面活性剤や過酸化水素、トリクロロエチレンなどの除去にも使われます。

用水以外では分離精製事業でも脱色や脱臭などで使われますし、地下水を利用する際にも使われます。

このように用途の広い活性炭ろ過装置ですが、活性炭には寿命があり、ろ過装置内では再生できないため、年に１度程度など定期的に外部での再生を委託する必要があります。

【図表1-18】活性炭ろ過装置 ミニクロン™ARC型

イオン交換とは

次に軟水装置の説明に入りますが、その前に水を浄化したり特定の物質を分離（例えば砂糖の原料液から塩分を分離）したりするために使われる「イオン交換」の基本的な仕組みについて説明します。

イオン交換とは、ある物質が水などの電解質溶液に含まれるイオンを取り込む代わりに自らの持つ別のイオンを放出することでイオンが交換される仕組みです。

例えばある樹脂に水素イオン（H^+）がついていて、その物質がナトリウムイオン（Na^+）やカルシウムイオン（Ca^{2+}）を含む溶液と接触したときに、自らの水素イオン（H^+）を手放して、代わりにナトリウムイオン（Na^+）やカルシウムイオン（Ca^{2+}）を取り込みます。

このように陽イオンを交換する樹脂を陽イオン交換樹脂（カチオン交換樹脂）と呼びます。

逆に別の樹脂に水酸化物イオン（OH^-）がついていて、その物質が塩化物イオン（Cl^-）や硫酸イオン（$SO_4{}^{2-}$）を含む溶液と接触したときに、自らの水酸化物イオン（OH^-）を手放して、代わりに塩化物イオン（Cl^-）や硫酸イオン（$SO_4{}^{2-}$）を取り込みます。

このように陰イオンを交換する樹脂を陰イオン交換樹脂（アニオン交換樹脂）と呼びます。

この仕組みの応用例として、例えばカルシウムイオン（Ca^{2+}）やマグネシウムイオン（Mg^{2+}）、カリウムイオン（K^+）、ナトリウムイオン（Na^+）の陽イオンと塩化物イオン（Cl^-）や硫酸イオン（$SO_4{}^{2-}$）、硝酸イオン（$NO_3{}^-$）の陰イオンの不純物が溶けている水道水があるとします。

この水道水を、水素イオン（H^+）を持った陽イオン交換樹脂と水酸化物イオン（OH^-）を持った陰イオン交換樹脂に通せば、カルシウムイオン（Ca^{2+}）やマグネシウムイオン（Mg^{2+}）、カリウムイオン（K^+）、ナトリウムイオン（Na^+）の陽イオンは陽イオン交換樹脂の水素イオン（H^+）と交換されて樹脂に付着し、塩化物イオン（Cl^-）や硫酸イオン（$SO_4{}^{2-}$）、硝酸イオン（$NO_3{}^-$）の陰イオンは陰イオン交換樹脂の水酸化物イオン（OH^-）と交換されて樹脂に付着します。

このときの交換で、陽イオン交換樹脂から放出された水素イオン（H^+）2つと陰イオン交換樹脂から放出された水酸化物イオン（OH^-）が結合して純水（H_2O）になります。

【図表1-19】イオン交換の概念

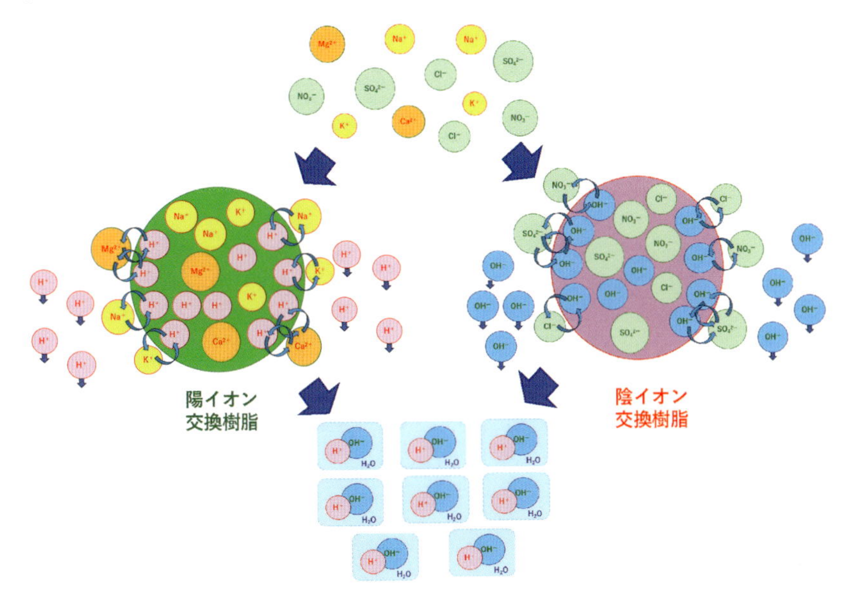

イオン交換樹脂に使われるのは、一般にスチレンとジビニルベンゼン（DVB）の共重合体が用いられます。他にアクリル酸またはメタクリル酸と、ジビニルベンゼンとの共重合体の製品もあります。共重合体とは２種以上の単量体が重合することで得られる重合体で、単量体とはスチレンやジビニルベンゼンなどで二重または三重結合の開鎖によりポリマーをつくるものです。そして重合とは、１種類またはそれ以上の単位物質の分子が、二つ以上化学的に結合して、元のものより分子量の大きい化合物をつくることです。

【図表1-20】スチレンジビニルベンゼン共重合体

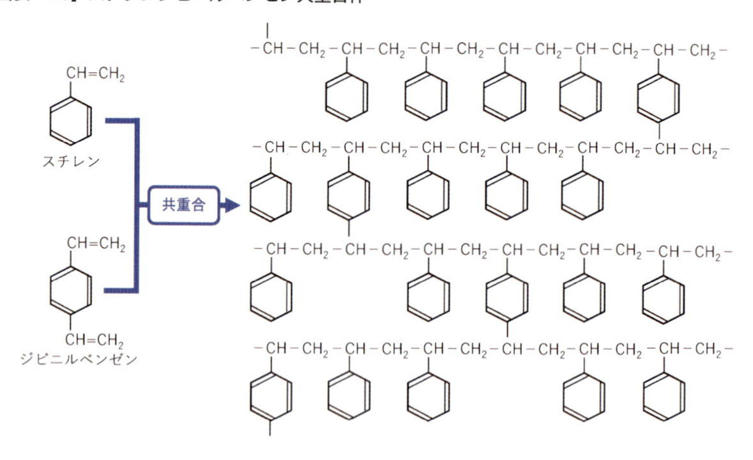

例えば強酸性陽イオン交換樹脂では、【図表1-21】の化学構造のようにSO_3^-を交換基として持たせることで塩酸、硫酸などの鉱酸と同様に解離して強酸性を示し、ナトリウムイオン（Na^+）やカルシウムイオン（Ca^{2+}）のような陽イオンを交換することができます。

【図表1-21】強酸性陽イオン交換樹脂の化学構造（H形の場合）

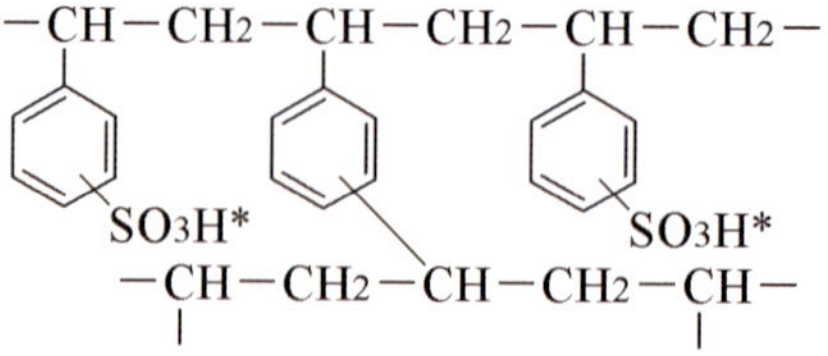

−CH−CH2−CH−CH2−CH−CH2−

SO3H*　　SO3H*

−CH−CH2−CH−CH2−CH−

＊のHがNa等と交換する

また、強塩基性陰イオン交換樹脂の場合では、【図表1-22】の化学構造のように4級アンモニウム基を交換基として持たせることで水酸化ナトリウムと同様に解離して強塩基性を示し、塩化物イオン（Cl^-）や硫酸イオン（SO_4^{2-}）のような陰イオンを交換することができます。また、強塩基性陰イオン交換樹脂は、溶存シリカ（SiO_2）も交換することができます。

【図表1-22】強塩基性陰イオン交換樹脂の化学構造（OH形の場合）

−CH−CH2−CH−　−CH−CH2−CH−
CH2　$H_3C-N^{\oplus}\cdot OH^{\ominus}$※　CH_3 CH_3
−CH−CH2−CH−
CH2　$H_3C-N^{\oplus}\cdot OH^{\ominus}$※　CH_3 CH_3

−CH−CH2−CH−
CH2　$H_3C-N^{\oplus}\cdot OH^{\ominus}$※　CH_3 C_2H_4OH
−CH−CH2−CH−
CH2　$H_3C-N^{\oplus}\cdot OH^{\ominus}$※　CH_3 C_2H_4OH

※のOHがCl等と交換する

Ⅰ型（トリメチルアミン型）　Ⅱ型（ジメチルエタノールアミン型）

弱酸性陽イオン交換樹脂は例外で、アクリル酸またはメタクリル酸と、ジビニルベンゼンとの共重合体が主流です。アクリル酸やメタクリル酸は元々弱酸性交換基（COO^-）を持っているので、共重合反応だけで製造することができるからです。

【図表1-23】弱酸性陽イオン交換樹脂の化学構造（H形の場合）

−CH−CH2−CH−CH2−CH−CH2−
COOH　COOH
−CH−CH2−CH−CH2−CH−
COOH
−CH−CH2−CH−CH2−CH−CH2−
COOH　COOH

アクリル酸系

CH3　CH3
−CH−CH2−C−CH2−C−CH2−
COOH　COOH
CH3
−CH−CH2−C−CH2−CH−CH2−
COOH
CH3
−CH2−C−CH2−CH−CH2−
COOH

メタクリル酸系

弱塩基性陰イオン交換樹脂は、スチレンとジビニルベンゼン共重合体の製品が主流で、これに1～3級アンモニウム基を持たせます。ただし、アクリル酸とジビニルベンゼンの共重合体の製品も存在します。

弱塩基性陰イオン交換樹脂による陰イオンの捕捉は、厳密にはイオン交換によるものではありませんが、慣例上イオン交換に分類しています。水酸化ナトリウム等のアルカリで再生すると、交換基に何も付いていない状態（再生形）になるのですが、強塩基性陰イオン交換樹脂の再生形がOH形なのに合わせて、便宜的にOH形と見なすことがあります。

【図表1-24】弱塩基性陰イオン交換樹脂の化学構造（再生形の場合）

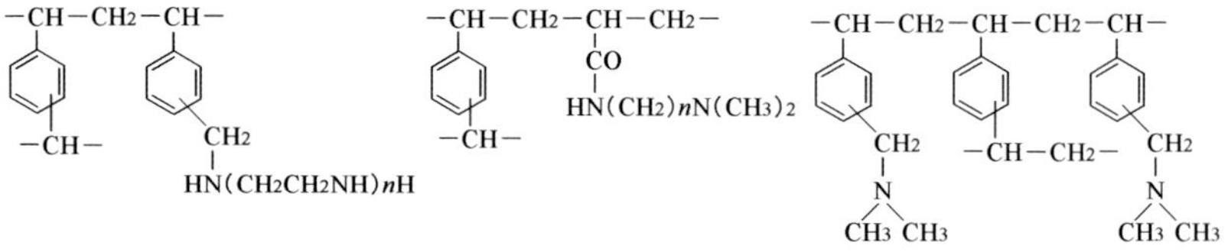

1,2級ポリアミン型　　3級アミン型　　アクリル系3級アミン型

イオン交換樹脂は、特殊な用途向けや、お客様の敷地内に再生設備を設けることができない場合等を除き、下記の形態にて販売されます。理由は化学的に安定し、より安全な状態であるからです。製品の販売にあたっては、避けられない理由でその製品の機能が損なわれてしまわない限りは、利便性よりも安全性を優先させることがルールです。

強酸性陽イオン交換樹脂	Na形
強塩基性陰イオン交換樹脂	Cl形　（SO_4形で販売するメーカーもある）
弱酸性陽イオン交換樹脂	H形
弱塩基性陰イオン交換樹脂	再生形

強酸性陽イオン交換樹脂はH形で多く使用されます。しかし、この状態では取り扱いに注意が必要で、例えば目に入れてしまうと、涙に含まれるナトリウムイオンと樹脂中の水素イオンが交換して塩酸（HCl）が生成し、目が薬傷を負います。また、強塩基性陰イオン交換樹脂はOH形で使用することが多いのですが、こちらは水酸化ナトリウム（NaOH）を生成し、より深刻な薬傷になります。このため、おのおのNa形やCl形（SO_4形）にして販売します。

一方、弱酸性陽イオン交換樹脂や弱塩基性陰イオン交換樹脂は、おのおのH形、再生形が化学的に安定していて安全です。弱酸性陽イオン交換樹脂はNa^+よりもH^+を強く取り込みますし、再生形の弱塩基性陰イオン交換樹脂には元々何も付いていないので、どちらも涙や汗で有害物を出さないからです。一方、Na形の弱酸性陽イオン交換樹脂やCl形の弱塩基性陰イオン交換樹脂を水に浸漬すると、pHがおのおのアルカリ性（NaOH）や酸性（HCl）になり、かえって危険です。酢酸ナトリウム（CH_3COONa）を水に溶かすとアルカリ性に、塩化アンモニウム（NH_4Cl）を水に溶かすと酸性になりますが、これと原理は同じです。

軟水装置

軟水装置はNa形に再生した強酸性陽イオン交換樹脂を用いて水の硬度分（カルシウムイオン、マグネシウムイオン）をナトリウムイオンに置換して軟水を生成します。

【図表1-25】軟水装置

ミニソフナー™ ME-L型

ミニソフナー™ RBS型

ミニソフナー™ AME型

ミニソフナー™ AMS型

【図表1-26】強酸性陽イオン交換樹脂の化学構造（Na形の場合）

$$-CH-CH_2-CH-CH_2-CH-CH_2-$$

SO_3Na　　　　SO_3Na

$$-CH-CH_2-CH-CH_2-CH-$$

天然水のカルシウムイオン（Ca^{2+}）とマグネシウムイオン（Mg^{2+}）がナトリウムイオン（Na^{+}）に交換されることでカルシウムとマグネシウムが取り除かれて軟水になります（厳密には、カリウムの一部もナトリウムと交換されます）。

【図表1-27】イオン交換樹脂による軟水製造工程

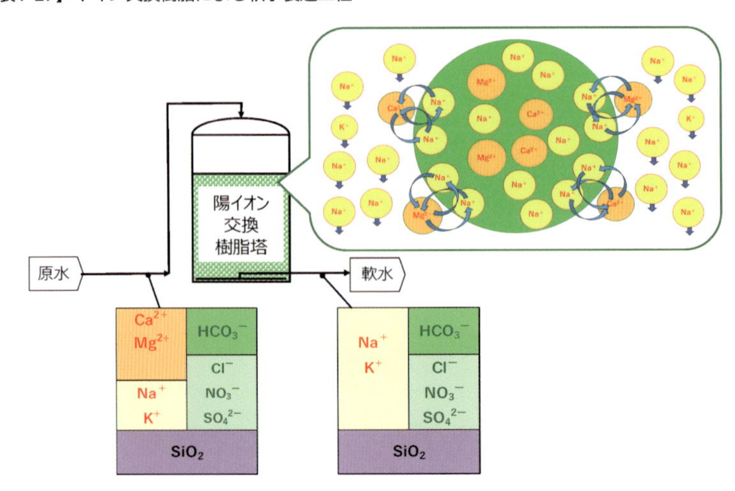

イオン交換樹脂の交換量には限度がありますので、交換力がなくなったときには塩化ナトリウム（NaCl）を加えることで再生します。

塩化ナトリウムは要は食塩ですから、毒性のある薬品を使いたくないときに有効です。また、海辺の地域では海水を用いての再生も可能です。

しかし塩化ナトリウムは粉末で販売されているので、海水を使えない地域では食塩粉末専用の溶解設備が必要です。通常は飽和（20％強）食塩水を調整、貯留し、再生（食塩水注入）する際にこれを10％に希釈して使用します。

【図表1-28】食塩溶解設備の一例

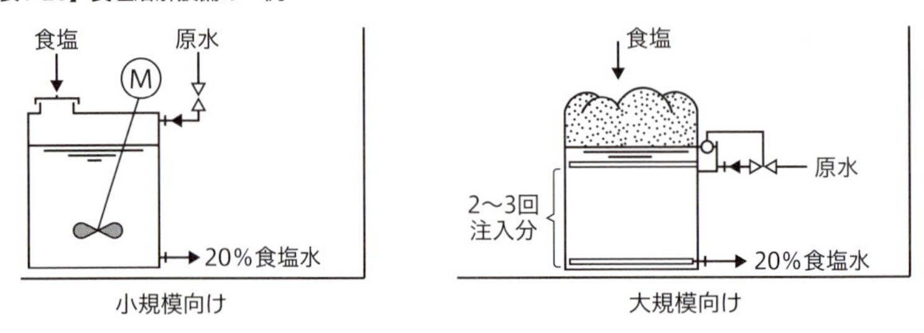

脱塩装置：イオン交換樹脂法

脱塩装置には様々なタイプがありますが、大きく分けるとイオン交換樹脂法と逆浸透膜法に分けられます。これらの２タイプは競合しているのではなく併存しています。お互いの利点で欠点を補い合うように設計されているのです。

ここでは主流であるイオン交換樹脂法について紹介します。

【図表1-29】は２床３塔式純水装置と呼ばれる設備です。

【図表1-29】２床３塔式純水装置

向流再生式純水装置「カウンタック™」

パックドベッド再生式純水装置「PPBカウンタック™」

「２床３塔式」の「２床」とはイオン交換樹脂の充填層が二つあることを示しています。一つめの充填層には軟水装置でも登場した強酸性陽イオン交換樹脂が充填されます。ただし軟水とは異なり、充填後にH形に再生して使用します。二つめの充填層には強塩基性陰イオン交換樹脂が充填され、OH形に再生して使用します。

【図表1-30】２床３塔式純水装置のフロー

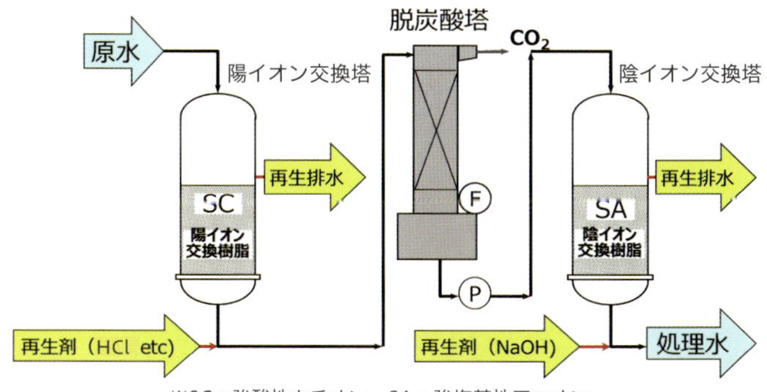

※SC：強酸性カチオン、SA：強塩基性アニオン

陽イオン交換樹脂では主にナトリウムイオン（Na^+）、カリウムイオン（K^+）、カルシウムイオン（Ca^{2+}）、マグネシウムイオン（Mg^{2+}）が水素イオン（H^+）に置き換わり、その一部が炭酸水素イオン（HCO_3^-）と反応して水（H_2O）と二酸化炭素（CO_2）に変わります。この段階で二酸化炭素はガス化するので、陽イオン交換塔のあとの脱炭酸塔で大気に放出されます。

【図表1-31】陽イオン交換樹脂でのイオン交換の状態

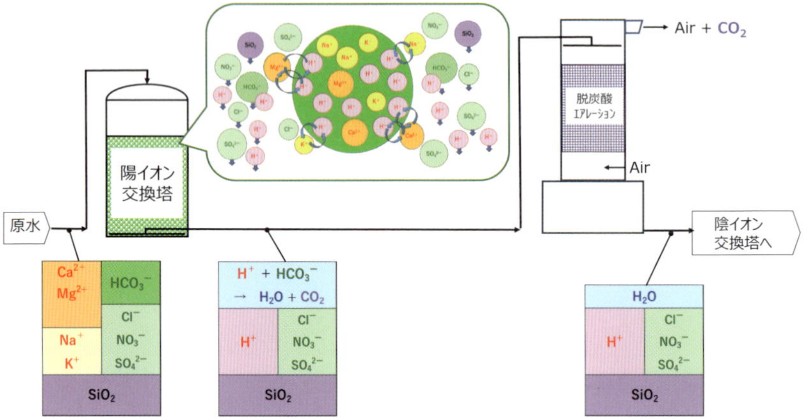

そして、脱炭酸塔の出口水は塩化物イオン（Cl^-）、硝酸イオン（NO_3^-）、硫酸イオン（SO_4^{2-}）、シリカ（二酸化ケイ素：SiO_2）が残っていますが、これを陰イオン交換塔にてOH形の陰イオン交換樹脂で水酸化物イオン（OH^-）に交換します。すると先にできていた水素イオン（H^+）と水酸化イオン（OH^-）が結合して純水（H_2O）が生成されます。

実はシリカについては、強塩基性陰イオン交換樹脂にどのように取り込まれているのかがよくわかっていません。【図表1-32】で$HSiO_3^-$として取り込まれているように描いてはいますが、厳密には正しくないと考えられています。$HSiO_3^-$の形態であるならば、実際に樹脂がシリカを取り込む量が多過ぎて、場合によっては樹脂の交換能力以上に取り込まれることすらあります。樹脂内でシリカがオリゴマー（多量体）を形成しているのではないかと推測されています。しかし、便宜上はイオン交換と見なしていても差し支えありません。

【図表1-32】陰イオン交換樹脂でのイオン交換の状態

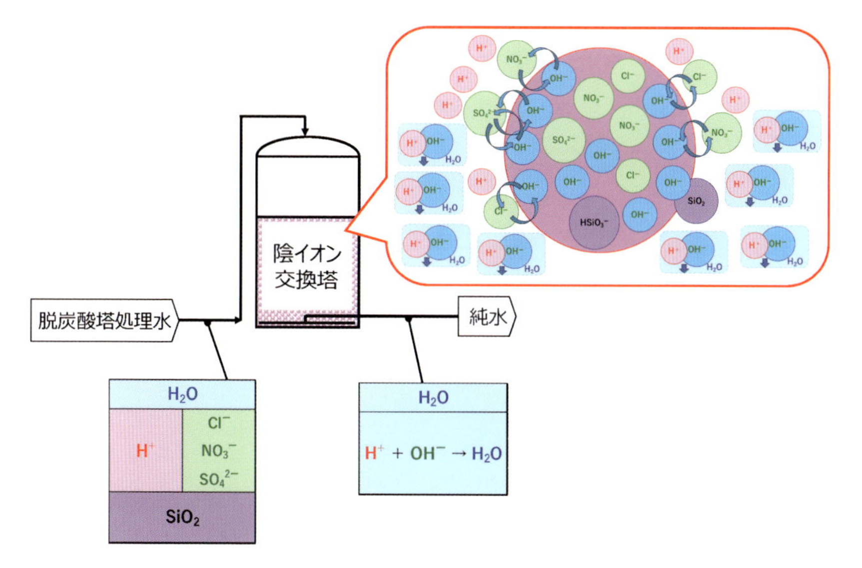

イオン交換樹脂が交換の限度に達したら、陽イオン交換樹脂には塩酸（HCl）または硫酸（H_2SO_4）を、陰イオン交換樹脂には水酸化ナトリウム（NaOH）をおのおの再生剤として使用して再生します。

これらのイオン交換樹脂法を利用した脱塩装置（純水装置）はこの後で紹介する逆浸透膜法よりも水の回収率が非常に高いことから、大量に純水を必要とするユーザーには適しています。

一方、欠点は、再生剤の量が多く必要とされることと、排水がアルカリ性になってしまい、この排水を中和処理するための設備が必要になることです。これもイオン交換樹脂法が規模の大きなお客様向けとなる要因です。

従来式の向流再生式純水装置 カウンタック™と PPB（パックドベッド式）カウンタック™

イオン交換樹脂法純水装置には従来式の向流再生式純水装置カウンタック™と近年普及し始めているPPB純水装置のカウンタック™があります。

【図表1-33】向流再生式純水装置 カウンタック™（従来式）とPPB カウンタック™（パックドベッド式）の違い

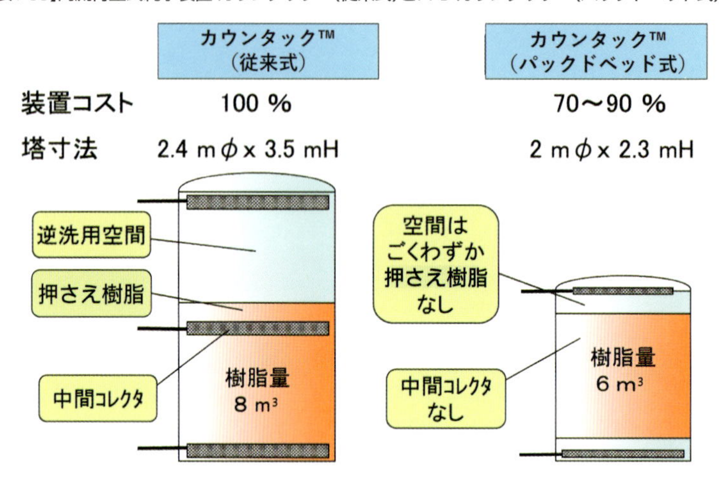

従来式のカウンタック™では、塔内のイオン交換樹脂の上部に中間コレクタと押さえ樹脂があり、その上には逆洗用空間が確保されています。この空間は、前工程のろ過器では取り切れなかった濁質成分が溜まるようになっています。この濁質成分を下から水を吹かして逆洗することによって排出することが可能です。

これに対してPPBでは、中間コレクタや押さえ樹脂、逆洗用空間がありません。これは、前工程のろ過機能の性能を格段に高めることで逆洗することなく、脱塩装置の効率を高めてコンパクトにしているのです。使用する樹脂の量も削減することができます。

それでも上部にわずかな空間があるのは、樹脂を再生した際に膨張するためです。この膨張の力はかなり強いため、上部に隙間をつくっておかなければ塔が破損してしまいます。

すでにろ過器を導入していたお客様が脱塩装置を追加で導入される際には、ろ過器の水質によっては敢えて従来式カウンタック™の導入をおすすめする場合があります。PPBは逆洗ができないので、カウンタック™よりもろ過水質への要求が厳しいからです。

このように、脱塩装置を導入していただく際には、供給水や処理水質により様々な組み合わせの選択をする必要があります。

【図表1-34】イオン交換法脱塩装置　組み合わせの例　(供給水、処理水質により選択)

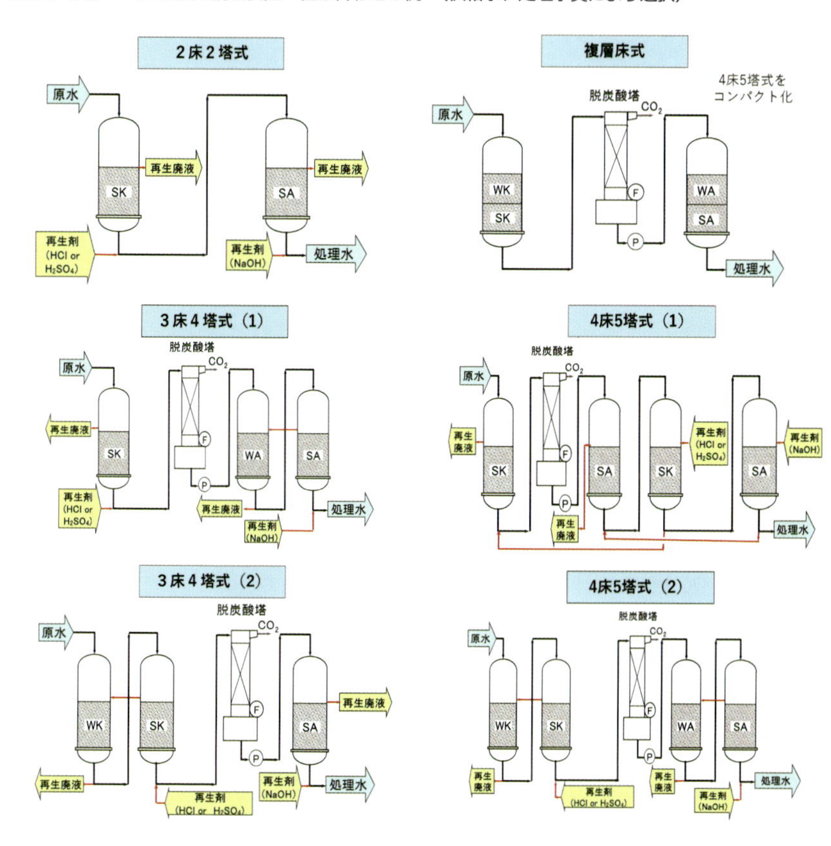

※WK：弱酸性カチオン、SK：強酸性カチオン、WA：弱塩基性アニオン、SA：強塩基性アニオン

脱塩装置：イオン交換樹脂法（混床式）

イオン交換樹脂法にはもう一つ、混床式があります。すでに「2床3塔式」などの「2床」とは充填層が二つあることを示していると説明しました。つまり「床」とはイオン交換樹脂の層を指します。

したがって「混床式」とは、一つの樹脂塔に陽イオン交換樹脂と陰イオン交換樹脂を混合した状態で使用するものを指します。

【図表1-35】混床式純水装置 SUB-G型とASK-G型

混床式純水装置SUB-G型

混床式純水装置ASK-G型

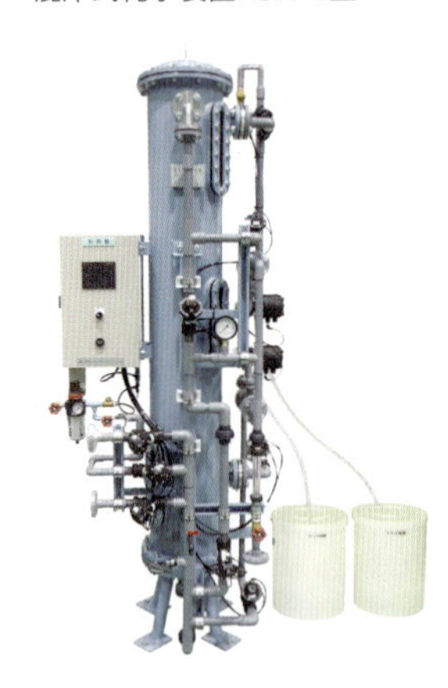

混床式の利点はコンパクトで接地面積が小さくて済み、また陽イオン交換樹脂と陰イオン交換樹脂を混合することで、いくつものイオン交換塔を直列に並べたような効果があり、高水質の純水を得られることです。

ただし、混床式は再生に工夫が必要です。2種類の樹脂が充填されているため、薬品再生する前に水を下から吹き上げることで比重差により陽イオン交換樹脂と陰イオン交換樹脂を分離させ、おのおの塩酸と水酸化ナトリウムで再生する必要があります。

【図表1-36】混床式純水装置の樹脂再生

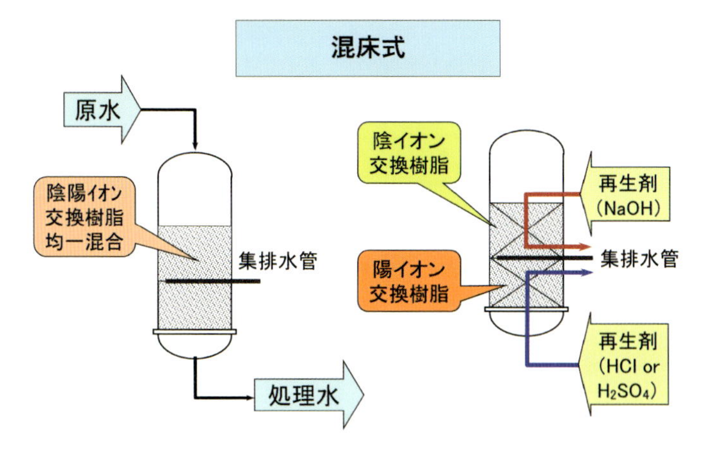

また混床式にはよりコンパクトなカートリッジタイプもあります。

【図表1-37】カートリッジタイプの混床式純水装置

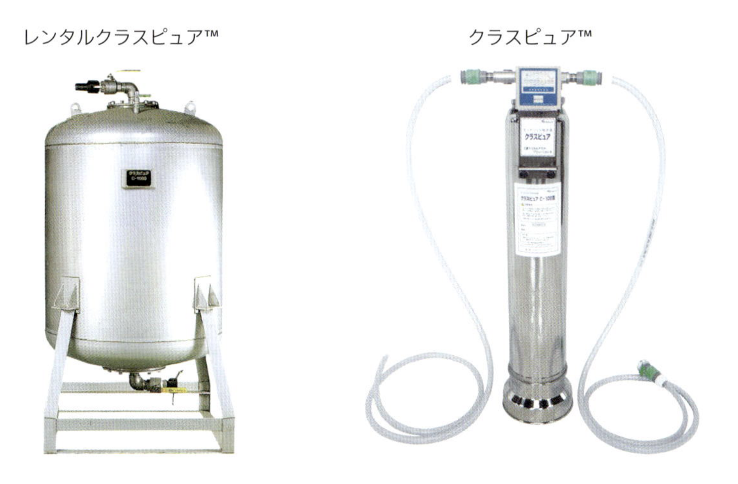

MCASではこれらのカートリッジタイプ純水装置は、樹脂を引き取って再生して戻すサービスに対応していますので、お客様が再生設備を持っている必要がありません。

脱塩装置：逆浸透膜法（逆浸透膜＋電気再生法）

逆浸透膜法による脱塩装置も、他の脱塩装置と競合するのではなく共存している手法です。

逆浸透膜法の最大のメリットは、薬剤を使用しないことです。そのため原水が濃縮された排水はアルカリや酸ではなく中性で水質汚濁防止法の規定上の問題がありませんので、特別な排水処理装置を必要としません。

その反面、純水の回収率はイオン交換樹脂法が95～98％程度であるのに対して逆浸透膜法では70～90％程度と低くなります。捨てる側の水に全成分が濃縮されるので、回収率を上げ過ぎると、モジュール内でシリカや炭酸カルシウムなどが析出して閉塞してしまうからです。つまり捨てる水が多くなるので大規模な工場には適していません。一方、小規模な工場や医療施設には適しています。

逆浸透膜法では膜モジュールに水圧をかけることで、イオンを透過しない膜（逆浸透膜）で濾された純水が精製されます。

【図表1-38】逆浸透（RO）式脱塩装置の仕組み

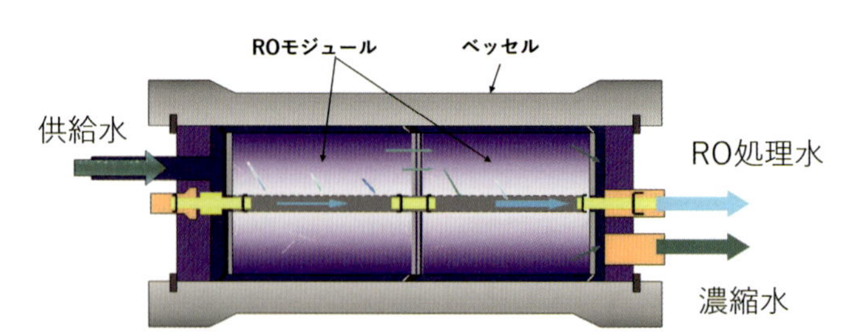

通常の浸透膜では、例えば真水と塩水を浸透膜で区切ると、水がより濃度の高いほうに移動する正浸透と呼ばれる現象が生じます。これに対して逆浸透膜では、塩水側に圧力をかけることで、塩水中の水だけが浸透膜を通して真水側に移動します。

この仕組みを応用した逆浸透膜法では、原水側に1MPa（メガパスカル）ほどの圧力をかけて純水を回収します。

大規模な逆浸透膜法の例としては、海水から飲料水を精製する海水淡水化プラントがありますが、この場合は原水である海水の塩濃度が高いので、原水側に3MPaほどの圧力をかけて海水を淡水化します。

また、逆浸透膜法のもう一つのメリットとしてメンテナンスが容易であることが挙げられます。メンテナンスとしては、膜モジュールと呼ばれるカートリッジ式の部材を定期的に交換するだけです。

逆浸透膜法で精製される純水の水質は非常に高いものですが、さらに水質を高めたい場合には、逆浸透膜装置の後段に電気再生式脱塩装置（EDI：Electro DeIonization）を追加で設置します。

【図表1-39】電気再生式脱塩装置（EDI）の構造

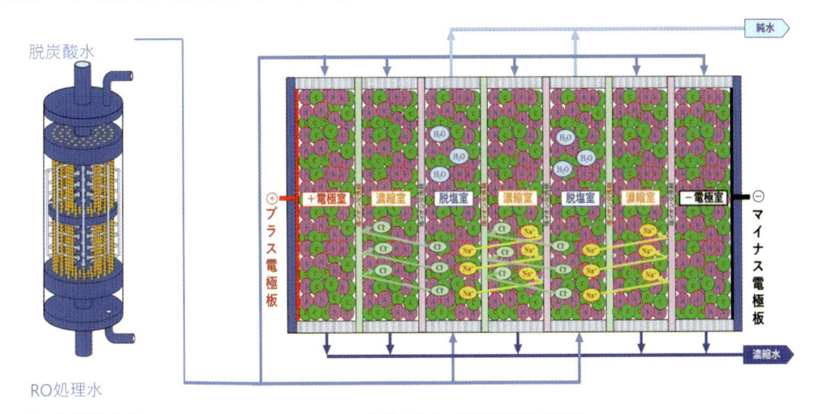

脱炭酸（脱気）膜　　電気再生式脱塩装置（EDI）

EDIは炭酸を十分には取り除くことができないので、脱炭酸膜（脱気膜）により炭酸を取り除いた後でEDIにより水質を高めます。

【図表1-40】脱気（脱炭酸）膜モジュールの一例

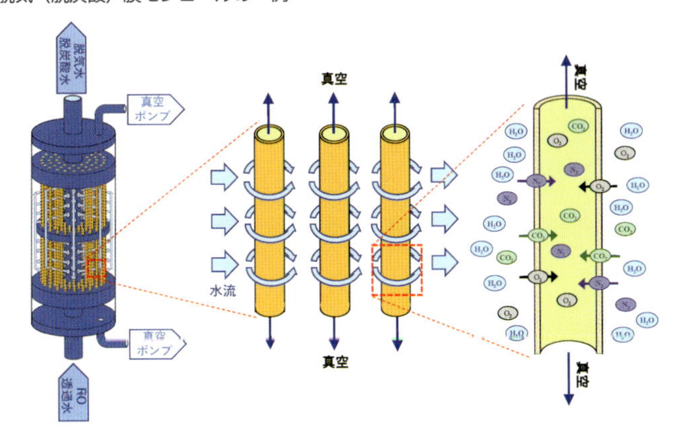

脱炭酸膜（脱気膜）の細いチューブ内を真空にすることで、外側を流れている水から炭酸が取り除かれます。

EDIは電極室、濃縮室及び脱塩室で構成されており、その間は陽イオン交換膜と陰イオン交換膜に仕切られます。

脱塩室にはイオン交換樹脂が充填されており、このイオン交換樹脂が水中のナトリウムイオン（Na^+）や塩化物イオン（Cl^-）を捉えます。

脱塩室の両側は陽イオン交換膜と陰イオン交換膜で仕切られています。陽イオン交換膜はナトリウムイオン（Na^+）のような陽イオンを通すことができますが、塩化物イオン（Cl^-）のような陰イオンは通しません。逆に陰イオン交換膜は陰イオンを通しますが陽イオンは通しません。

ここで濃縮室の外側の電極から直流電気を流すと、陽極側に陰イオンが引き寄せられて陰イオン交換膜を通り抜けて濃縮室に移動します。陰極側には陽イオンが引き寄せられて陽イオン交換膜を通り濃縮室に移動します。その結果、脱塩室には純水（H_2O）のみが残り、電気分解により発生したH^+イオンとOH^-イオンによりイオン交換樹脂が再生されます。

このように電気によってイオン交換樹脂が再生されるので電気再生式脱塩装置（EDI）と呼ばれているのです。なお、【図表1-42】ではEDIによる脱塩の仕組みを便宜上4STEPに分けて図解していますが、実際にはこの順番に起こる訳ではなく、四つが同時に進行します。

【図表1-41】EDIセルの構造（一例）

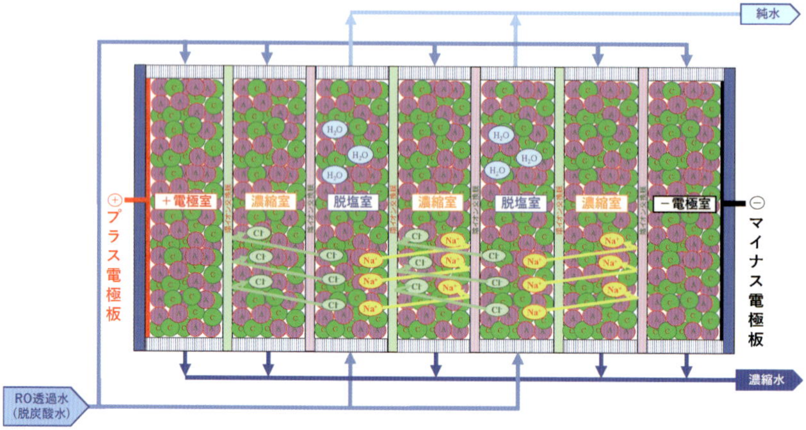

【図表1-42】EDIによる脱塩の仕組み

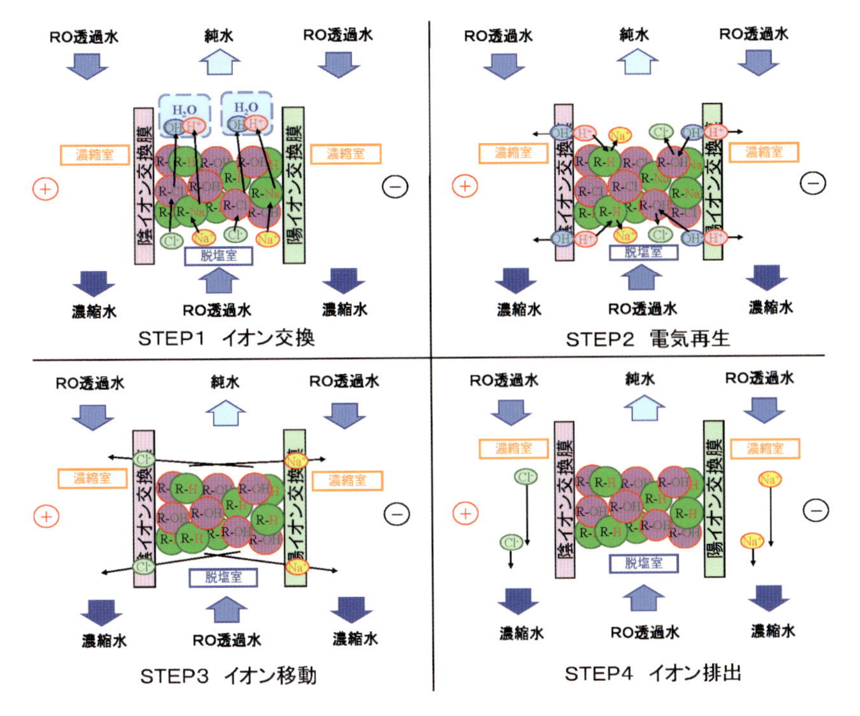

脱塩装置：逆浸透膜法＋イオン交換樹脂法（カートリッジ純水器）

逆浸透膜装置にEDIを組み合わせた設備より初期費用を下げたいお客様向けには、EDIの代わりにカートリッジ純水器を設置した設備をおすすめしています。

【図表1-43】逆浸透（RO）膜式純水装置

逆浸透（RO）膜式純水装置NDR型

逆浸透（RO）膜式純水装置ダイヤピュア™CRO型

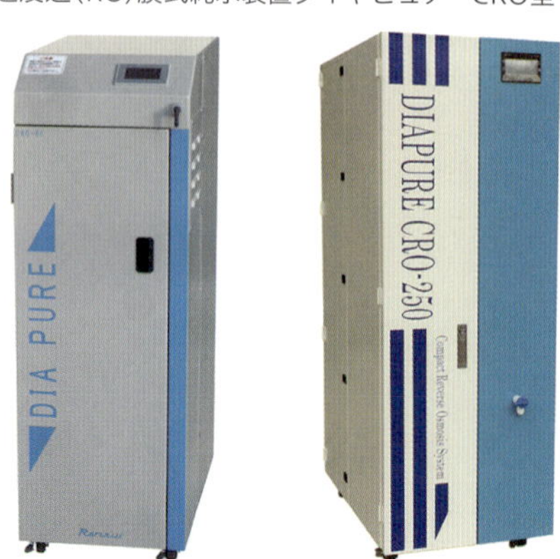

この方式では定期的にカートリッジ純水器の樹脂を引き取り再生し、再び戻すという方法をとりますので再生費用はかかりますが、初期投資は安く抑えられます。

高度な精製　超純水

「超純水」という用語が使われることがありますが、この用語はいわゆる業界用語で、公的な定義が定められているわけではありません。極度に高純度の水というほどの意味で使われており、基準となる数値が明示されているわけではありません。

つまり、超純水の基準はお客様ごとに異なります。

超純水が求められるのは、例えば最先端の半導体製造の現場です。現在、熊本県で半導体の新工場を稼働中のTSMC（台湾積体電路製造股份有限公司）等が製造している世界最先端のロジック半導体（CPU、GPU等）製造にはIEEE（電気電子学会）が定めたIRDS（International Roadmap for Devices and Systems：国際デバイス及びシステムロードマップ）というロードマップがあります。このロードマップで、水質に関する推奨値が定められていますが、これも学会で定められた基準ではありません。ただ、IRDSで定められている水質基準は実際に稼働している製造現場での指標とされていて、年々厳格になってきています。

一方、近年話題になっているパワー半導体では、大きな電圧や電流を制御するため、配線パターンの微細化はロジック半導体よりも困難です。安易な微細化は電気抵抗値の上昇を招き、発熱による電力ロス、オーバーヒート、損傷等に繋がりかねないからです。逆説的ですが、最先端の微細なロジック半導体に要求されるほどの水質は直ちに必要とされてはいません。

つまり、使用者にとって必要な基準をクリアしていれば、それがその使用者にとっての超純水となります。

MCASの使命は、お客様の要求に対して過不足ない設備を提供することです。希望される水質を実現するために十分でありながら過剰スペックにならない設備を設計・実装します。

そのため、「超純水を精製する設備はこうである」という固定はしてはいません。必要なスペックを満たすために最適なユニットを組み合わせてご提案しています。

ただし、一般的には超純水を精製する装置は「前処理設備　⇒　一次純水設備　⇒　サブシステム」の三つのユニットで構成されます。

このうち、前処理設備と一次純水設備は、これまでご紹介した純水を製造する設備と原則変わりません。サブシステムは、前処理と一次純水設備では除去し切れない不純物を除くためのユニットで、お客様のご要望（必要な水質等）によって構成が変わります。

それでは、この三つのユニットの例を見てみましょう。

超純水製造装置一例

超純水製造装置は一般的に「前処理設備　⇒　一次純水設備　⇒　サブシステム」の三つのユニットで構成されています。【図表1-44】は超純水装置の構成例です。

【図表1-44】超純水装置の構成例

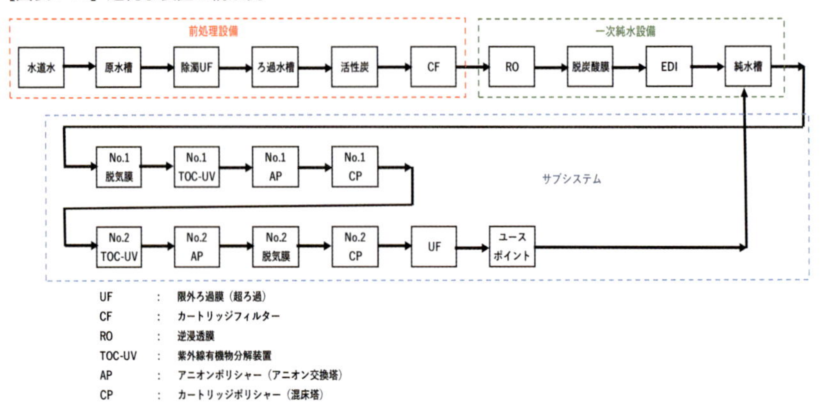

前処理設備は水に溶けていない除濁や砂などを取り除く設備です。

一次純水設備は普通の純水をつくる設備です。

そしてサブシステムは純水の純度をさらに高めるために、お客様の要望に合わせて追加していく設備です。

【図表1-44】に表された超純水設備の構成例はMCASの超純水実証設備である「iUCP」と呼ばれる設備のものです。

この設備では原水に水道水を想定しているため、凝集ろ過装置などは含まれていません。その代わりに、UF膜（Ultra Filtration membrane：限外ろ過膜、超ろ過膜とも）が設置されています。

また、原水に水道水を想定しているため、塩素を除くための活性炭ろ過器が設置されています。

そして前処理の最後にはろ紙のような役割としてCF（Cartridge Filter：カートリッジ式フィルター）が設置されます。

この後の一次純水設備では逆浸透膜と脱炭酸膜、そしてEDIで純水がつくられます。

三つめのユニットであるサブシステムでは最初に脱気膜で酸素を取り除きます。これは半導体の素材であるシリコン単結晶（Si）が酸化しやすく、酸化物になると使えなくなってしまうためです。

その後TOC-UV（紫外線有機物分解装置）により活性炭でも取り切れなかった有機物を紫外線で分解します。有機物は水と二酸化炭素にまで分解することが理想ですが、これを実現するためには非常に高価かつ電力消費の多い設備となってしまうため、有機酸の状態までで妥協します。

有機酸の状態まで分解した後、陰イオン交換樹脂（No.1 APユニット）で酸を取り除きます。この段階で有機物が取り除かれた状態になりますが、さらに徹底して有機物を取り除くために、もう一度TOC-UVと陰イオン交換樹脂（No.2 APユニット）によって処理します。

後段のNo.1、No.2 カートリッジ（CP）ユニットによって有機酸をより確実に捕捉するとともに、一次純水設備から微量にリークするイオンをも捕捉します。

そして最終的なUF膜ろ過装置により数十nm（ナノメートル）サイズの微粒子を取り除き、超純水を精製します。

ただしIRDSの基準を満たすためには、さらに純度を高めるためのユニットを追加する必要があります。

MCASではこれらの設備でどの部材が適していてどの部材が適していないかについても常に検証しています。

また、超純水を分析する技術の向上にも注力しています。結局、超純水を精製するためには、それが求める超純水の水質であるかどうかを分析する技術が伴っていなければなりません。

したがって、超純水設備の検証と分析の技術は鶏と卵の関係のように、どちらかが先行するのではなく、常に競争している状態にあります。

ちなみに超純水の技術においては、画期的な新技術はそうそう出てきませんので、既存の技術に磨きをかけていくような地道さで進歩させています。

新しい技術が登場した場合にも、それを評価するための解析装置をつくる技術を確立する必要があります。例えば除去できる微粒子の大きさが微小になれば、その微粒子を計測できる技術が必要になります。

現在のオンライン計器は微粒子を光の散乱で捉えていますが、粒子が微細になるほど波長を短くしなければなりません。現在は溶媒の屈折を利用して波長を調整していますが、電磁波までであれば管理できるものの、光源の波長が放射線のレベルまで必要になると扱いが困難になります。

そこで何か良い方法はないのかということを、各計測メーカーが取り組んでいるところです。

高度な精製　医薬用水・医療用水

医療用水は純水装置で製造しますが、医療の現場では、その製造した水を純水ではなく精製水と呼びます。

精製水については水質の基準が明確にされています。日本国内の医療に供する重要な医薬品の品質・純度などについて定めた基準である『第十六改正日本薬局方』（※）では、「常水」、「精製水」、「滅菌精製水」、「注射用水」の4種類の製薬用水が収載されており、そのうち精製水と名が付いているものには、「精製水」、「容器入り精製水」、「滅菌精製水」の3種があります。また、「注射用水」として「注射用水」、「注射用水（容器入り）」の2種が定義されています。

これらの精製水はUF膜を使用した超ろ過法やEDIなどで水中の塩や有機物を除去して精製します。

【図表1-45】は精製水製造装置の例です。

【図表1-45】精製水製造装置例

精製水製造装置には電気再生式純水装置（EDI）を組み込むことで、連続的に精製水が製造できています。また、耐熱性の高い部材を使用することで装置全体を熱水殺菌することも可能なため、生菌管理が可能です。

生成された精製水の水質は3局に適合しています。3局とは日本薬局方（JP）、米国薬局方（The United States Pharmacopeia:USP）、欧州薬局方（The European Pharmacopoeia:EP）です。

一方、注射用水の精製は純水装置とは異なります。注射用水装置ではシステムにUF膜法または蒸留法を採用することで、高品質な注射用水を安全かつ安定的に製造しています。

UF膜は実績のあるキャピラリータイプの耐熱膜を使用することで熱水殺菌を可能にしています。UF水を採水しないときにも常時循環運転を行うことで、装置内を陽圧に保持できるので無菌状態を保てます。陽圧とは外部よりも気圧が高い状態です。

※　『第十六改正日本薬局方』
https://www.mhlw.go.jp/file/06-Seisakujouhou-11120000-Iyakushokuhinkyoku/JP16.pdf

そのため、外部から菌類が混入できなくなります。
　蒸留法では多重効用缶式蒸留器を採用し、高品質なピュアスチームを製造します。ピュアスチームとは、精製水を蒸留により精製した蒸気です。
　特に注射用水で注意しなければならないのが、パイロジェンと呼ばれる発熱物質を除去することです。パイロジェンは注射や点滴で体内に入ると体温を上昇させてしまう物質群です。特にグラム陰性桿菌が産出するエンドトキシンが除去しにくいため、エンドトキシンが除去できれば他の物質群も除去できると認識されています。
　パイロジェンの除去は、以前は蒸留法のみが認められていましたが、現在は精製水を超ろ過（UF）する手法も認められるようになっています。しかし、実績や殺菌のしやすさを最重要視してしっかりと沸騰する蒸留法を選ぶお客様もいますので、蒸留法への対応も続けています。
　ちなみにパイロジェンは血管内に直接投与した場合にのみ発熱を起こし、粘膜から吸収されても発熱を起こしません。そのため、目薬や塗皮薬に含まれていても問題はありません。

R&D・分析センター

R&D・分析センターは、用水、排水及び地下水処理技術の開発や、当社納入設備の水質ならびにイオン交換樹脂などの性能分析、また、地下水脈のシミュレーションやAI技術の開発を行っています。さらに、MCASは水道法20条の登録検査機関として、このセンターで水道の水質検査業務も行っています。

【図表1-46】R&D・分析センター（東京都東村山市）

CHAPTER

2

カスタマー事業（メンテナンス部門）

カスタマー事業とは

カスタマー事業の役割には大きく分けて既存顧客への提案営業とメンテナンス工事の二つがあります。

一つめの提案営業は、設備を納入したお客様を巡回訪問し、稼働状況のヒアリングや装置自体の状況について伺います。その内容に応じてメンテナンス提案や改善提案を行います。またお客様の要望を的確に把握して設備更新・増強の提案も行います。

現場での設備診断をした上で改善工事や保全工事等が必要だと判断されれば、具体的なメンテナンス工事の提案を行い、お客様と協議の上、工事を行います。

【図表2-1】提案営業の流れ

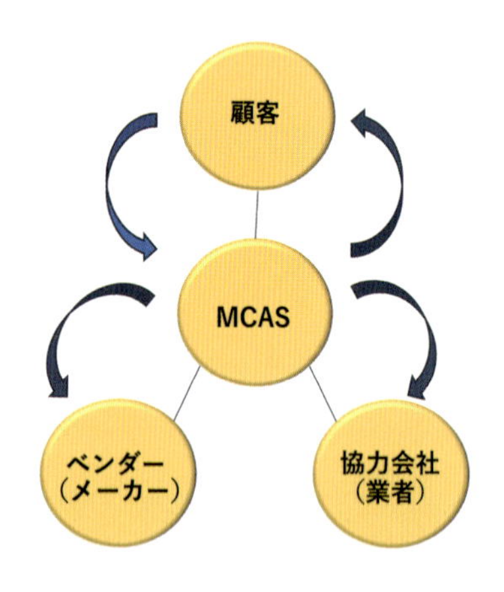

提案営業～仕事の流れ～

☆巡回訪問
- ✓顧客へのヒアリング
- ✓装置の状況確認

☆見積書提出
- ✓部品選定、価格・納期確認
- ✓協力会社へ工事費・工期確認

☆工事受注
- ✓価格交渉

二つめのメンテナンス工事では、設備の引き渡し後の技術サービスとして、納入設備の消耗品であるろ過材・樹脂・膜の交換（補充）工事、部品交換及び点検、機器内面ゴムライニングの点検・補修、自動弁・回転機のオーバーホール、操作盤の点検、計器類更新・校正、試運転調整を行い納入設備の安定運転の維持のサポートをしています。

メンテナンス工事の流れとしては、工事計画書等を作成し、お客様とスケジュール調整を行います。そして、工事期間中は徹底した安全管理、施工管理のもと工事を行います。その後報告書を作成し、次回のメンテナンス提案に繋げます。

【図表2-2】メンテナンス工事の流れ

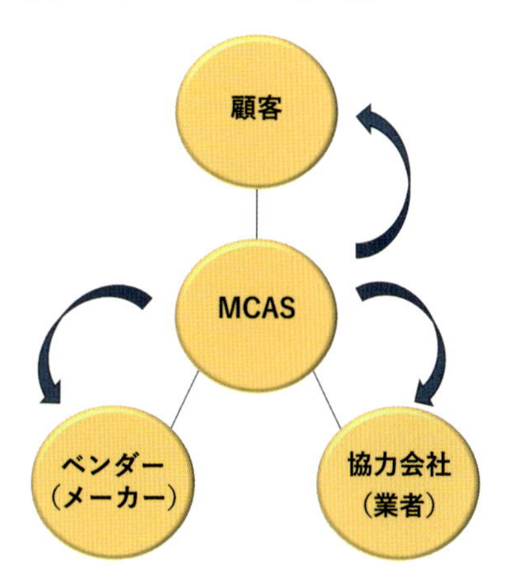

メンテナンス工事～仕事の流れ～

☆工事計画
- ✓部品の発注
- ✓顧客、協力会社の日程調整

☆現地工事
- ✓安全管理
- ✓機器操作、試運転

☆報告書作成
- ✓次回のメンテ提案

以上のように、お客様に納入した装置がトラブルを起こさないように安定的な運転を維持することが、カスタマー事業の重要な使命です。

同時に老朽化した装置のリニューアルの提案や、より効率の良い装置の紹介、あるいは他社装置からの切り替えの提案も行います。

このように、カスタマー事業は納入した設備を通してお客様の要望を直接お聞きできる部門であり、既存のお客様との信頼関係を保つことが重要です。

カスタマー事業の事例：イオン交換樹脂の入れ替え

それでは、具体的な事例を見ていきましょう。
【図表2-3】は純水装置のイオン交換樹脂を入れ替えている様子です。

【図表2-3】メンテナンス工事（イオン交換樹脂入れ替え）

イオン交換樹脂の劣化 ➡ 入れ替え作業実施

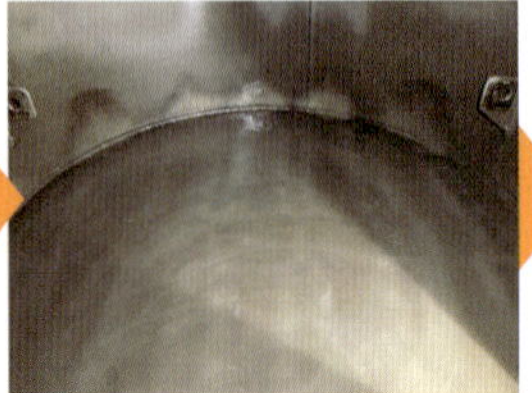

イオン交換樹脂充填中

樹脂塔内に充填されているイオン交換樹脂は洗浄のため一旦フレコンバッグや洗浄タンク等に抜き出します。

イオン交換樹脂抜出後に塔内点検を実施します。

抜き出したイオン交換樹脂は、事前に行った樹脂性能分析の結果に基づき再充填分と廃棄分に分けます。廃棄分の不足分については新品樹脂を補充します。

カスタマー事業の事例：薬品タンク更新

【図表2-4】は、薬品タンクの更新作業の様子です。

【図表2-4】メンテナンス工事（薬品タンク更新）

薬品タンクの老朽化 ➡ 更新提案

工事完了

イオン交換樹脂の再生に使用する塩酸のタンクと苛性ソーダのタンクが劣化したため、それぞれを新品に交換しています。

カスタマー事業では、このような交換工事も行っています。

カスタマー事業の事例：改善提案

【図表2-5】は、省エネを実現するための改善提案として、ポンプのモーターをより効率の良い製品に交換している様子です。

【図表2-5】メンテナンス工事（省エネ化）

年間約３割のコストダウン

このモーター交換により電気代が下がり、年間約3割のコストダウンを実現しました。

以上、カスタマー事業のごく一部を紹介しました。

MCASのカスタマー部門については用水事業、分離精製事業、排水事業及び地下水事業の各事業ごとに配置されており、それぞれ消耗品の交換や設備の点検・修復、あるいは改善提案などを実施しています。

また、本書の制作・編集がスタートして間もない２０２４年1月1日に、マグニチュード７．６の能登半島地震が発生しました。

このような自然災害が発生したときに、水に関する様々な技術を持っているMCASが、防災や復旧においてどのような貢献ができるのか、改めて検証しています。

病院や介護老人保健施設などに設備納入が多い地下水事業においては、災害が発生した際には被災地に最も近い拠点の社員がお客様の設備の点検や復旧のために駆けつける体制を取っています。

また、医療施設のように水施設の機能が停止することが患者さんたちの生命に関わる事態を想定して、緊急車両を出せる認可も得ています。

このような体制をさらに強化していきたいと考えています。

CHAPTER

3

地下水事業

地下水事業とは

地下水事業とは井戸水をろ過して水道水と併用して使える自家用の水道設備（地下水膜ろ過システム）を提供する事業です。

地下水事業では、営業部門が受注してきた地下水に関する案件において、技術部門が設計・施工を行い、カスタマー部門がメンテナンスを行っています。

【図表3-1】地下水膜ろ過システム

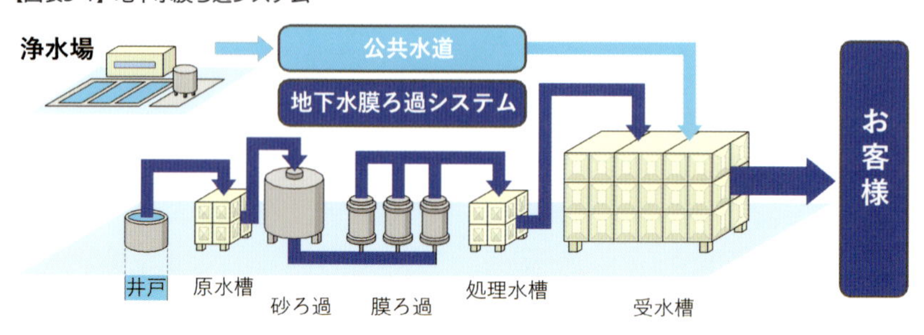

地下水膜ろ過システムは、井戸から汲（く）み上げた地下水を原水槽に受け入れて、砂ろ過、膜ろ過の順に浄化処理した飲用できる水を処理水槽に貯（た）め、そこから公共水道水が給水される受水槽に送水する浄化システムです。

このような設備は水を多量に使用する大型百貨店やホテルなどで利用されています。

導入メリット

地下水膜ろ過システムの導入には、主に次の四つのメリットがあります。

メリット１：経済性

地下水と公共水道水の混合比率は、80：20を基本として併用することで、水道料金の削減を図ることができます。

公共水道料金は使用量が増えるほど料金単価が高くなる仕組みになっていますが、例えば公共水道料金が１m^3当たり300円の場合、地下水膜ろ過システムを導入することによりイニシャルコストとランニングコストを合わせて１m^3当たり200円で提供することにより差額分のメリットを得ることができます。この差額は、水の使用量が多いほど大きくなります。

メリット2：地下水の恒温性

地下水の温度変化は公共水道水に比較してとても小さいため、冷水や温水として使用する場合のエネルギーを削減でき、環境負荷を削減できます。

原則、地下水は100m以上深いところから汲み上げるため、一年を通して水温が15～18℃の範囲で一定に保たれています。

一方、公共水道水は季節により水温が大きく変動します。特に受水槽では外気温の影響を受けます。例えば大型ショッピングセンターなどでは施設内の気温を一定に保つために冬は温めて夏は冷やす必要があります。このときに空調機器で使用する水温が冬は冷たく夏は温かいと、空調機器の負荷が大きくなり、エネルギーを多く消費してしまいます。

しかし一年を通して温度変化が小さい地下水の割合が大きければ、空調機器の熱効率が良くなることから、エネルギーの消費を抑えることができます。

メリット3：BCP（事業継続計画：Business Continuity Plan）

災害時等で公共水道水が断水しても、地下水を継続して利用することにより、事業継続性を高めることができます。

特に医療機関や高齢者施設・老健施設では、災害等により水の供給が停止してしまうと医療や養護・介護の継続が困難になります。

公共水道水は地中に配管が敷設されているため、地震による横揺れで配管破損のリスクが考えられますが、地下水膜ろ過システムは垂直に井戸を掘っているため、地震による横揺れへのリスクは軽減されます。このことは過去の地震災害時の実績から明らかになっています。

公共水道水と地下水を併せて使用する二元給水により、災害時等の事業継続性を高めることができます。

メリット4：CSR（企業の社会的責任：Corporate Social Responsibility）

災害時等に地下水膜ろ過システムが稼働していれば、近隣で断水が発生した場合でも地域住民の方へ水を提供することができ、企業としての社会貢献度を高めることにも繋がります。

ビジネスモデル

地下水事業のビジネスモデルには大きく三つあります。

水質保証

一つは「水質保証」です。2024年1月の段階でMCASの地下水膜ろ過システムには約1,400件の導入実績がありますが、そのほとんどは水道水として利用されており、それ以外は生活用水などに利用されています。

生活用水には、飲料水としての利用以外に、トイレ水、スポーツクラブのプール水やシャワーなどへの利用、あるいは工場での瓶やその他容器の洗浄などが含まれます。

水道水として利用されている場合は水道法に準じた水質保証を行っています。

井戸掘削保証

二つめは「井戸掘削保証」です。

井戸水の活用を提案する際には、MCASに蓄積されたデータから井戸水の利用がコストダウンになることを予測していますが、ごく稀に実際に掘られた井戸から予想通りの水質と水量が得られないことがあります。

その場合には、浄化処理コストが高くなってしまうことからやむを得ず撤退を決断しますが、お客様から井戸の掘削費用はいただきません。

投資回収保証

三つめは「投資回収保証」です。これは、地下水膜ろ過システムをご購入いただきシステムを稼働させたにもかかわらず、当初見込んでいた投資回収ができなかった場合には、投資回収分の範囲内でMCASが保証するというものです。

技術展開

地下水膜ろ過システムを主軸とした、四つの機能（ソリューション）について紹介します。

【図表3-2】地下水膜ろ過システムを主軸とした四つの機能

地下水を水源とした「地下水膜ろ過システム」を主軸とした機能（ソリューション）を提供

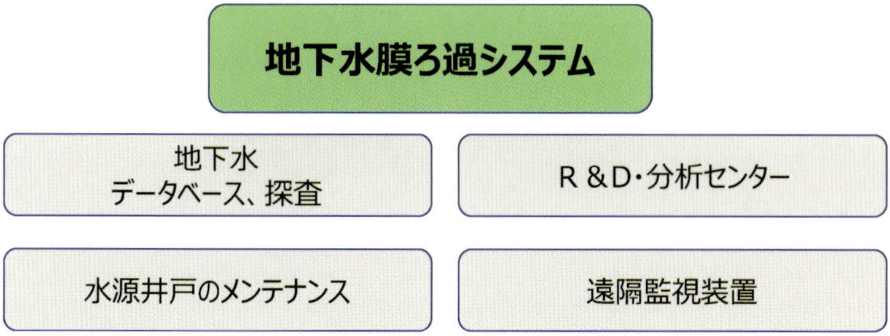

地下水膜ろ過システム

地下水 データベース、探査	R&D・分析センター
水源井戸のメンテナンス	遠隔監視装置

一つめは地下水データベースの活用と探査方法のご提案です。

二つめは水源井戸のメンテナンスです。井戸ごとに地下水の水質は異なりますので、その水質に最適化されたメンテナンスを実施します。

三つめは、その地下水の水質を分析するR&D・分析センターの運用です。

さらに四つめとして、地下水膜ろ過システムを24時間監視する遠隔監視装置の設置を行っています。

遠隔監視装置は、地下水膜ろ過システムのプラントがどのような稼働状況にあるのかを、ウェブベースで視覚化された情報からリアルタイムで確認できる仕組みです。

地下水膜ろ過システムの設置

地下水膜ろ過システムを設置する際には、すでにお客様の敷地内に掘られている井戸を活用する場合と、新たに井戸を掘る場合があります。

いずれの場合でもろ過装置を設置して飲料水水質基準になるまで浄化処理を行い、遠隔監視装置を使って24時間監視のもと、適宜必要なメンテナンスを実施します。

【図表3-3】地下水膜ろ過システムの導入フロー

地下水膜ろ過システムとは、井戸（地下水）を活用して安全・安心な飲料水に変える自家用水道です。

お客様の敷地内に井戸を掘削
※既存井戸があれば、それを有効活用

前ろ過処理＋膜処理により
水道法に基づく飲料水基準の水を提供

24時間監視体制により
安全な飲料水を安定供給

地下水膜ろ過システムの構造

地下水膜ろ過システムの構造は【図表3-4】のようになります。

【図表3-4】地下水膜ろ過システムの構造

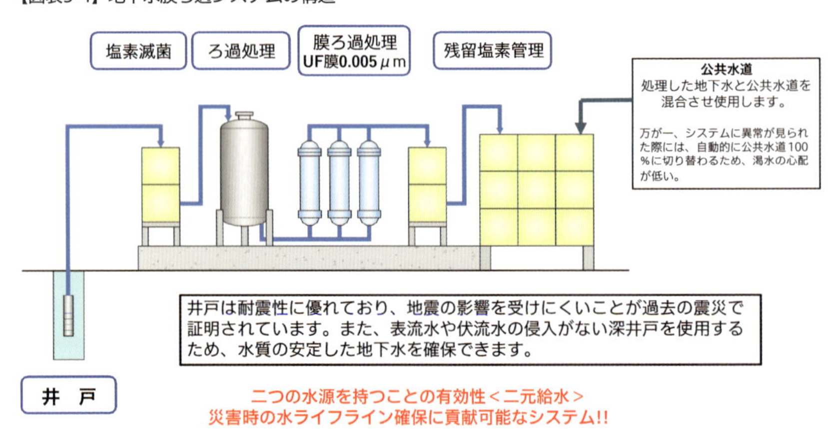

まず、井戸水を汲み上げて原水槽に貯めて前処理ろ過を行います。その後、膜ろ過処理を行い処理水槽へ貯めてから、公共水道と混合する受水槽に送水します。

処理水槽に貯めてから受水槽に送水している理由は、地下水の水質責任分解点を明確にするためです。もし、水道水の品質に問題が生じたとき、それが公共水道水側の問題なのか地下水側の問題なのか、混合する前に判断できるようにしています。
膜ろ過には孔径が0.005μmのUF膜を使用し、目に見えない微粒子までを除去します。
地下水と公共水道水の混合比は、地下水８割に対して公共水道水２割を基本としています。地下水膜ろ過システムは機械設備ですので、何らかの異常が発生して停止する場合がありますが、その場合は公共水道水に100%切り替わることで、水の供給が止まることはありません。

井戸の掘削工法

深井戸の掘削工法には大別して、ロータリー工法やパーカッション工法のように泥水を使用する場合と、ダウンザホールハンマー工法のように泥水を使用しない2工法に分類されます。それぞれの工法は、施工・仕上げの難易度、掘削すべき地層への対応性、井戸の口径と深度、経済性、環境衛生上の問題などの諸点において一長一短があることから適切な掘削工法を選定する必要があります。

ロータリー工法（未固結堆積層・岩盤など適応地層が広い）

地下水、温泉利用として多く用いられる工法です。ドリルパイプまたはドリルロッドの先端に刃先（ビット）を取り付け、これを回転させて地層を粉砕または切削すると同時に、ドリルパイプを通して泥水ポンプによりビット先端へ泥水を送り、泥水と共に掘削土を地上に排出しながら掘削する工法となります。

パーカッション工法（砂利・玉石層などの地層に適している）

ケーブルの先に重いツールストリングを吊るし、一定の長さで吊り上げてから自由落下させ、その衝撃により地層を粉砕したり、あるいは土塊をほぐしたりしながら掘削を行います。掘削土は泥水ポンプ等にて地上に排出しながら掘削する工法となります。またロータリー工法に比べ振動・騒音が大きくなります。

ダウンザホールハンマー工法（固い地層に強いが未固結層には不適）

エアハンマーを使用することからエアハンマー工法とも呼ばれ、土木・建築基礎及び土留め工事に広く使用されていますが、さく井工事にも適用されます。エアーコンプレッサーから圧縮空気を送り、エアーハンマーのピストン作動により先端の拡縮ビットに打撃を与え、地盤の掘削孔の崩壊防止用仮設ケーシングを挿入していく工法となります。硬質な地盤でも掘削が可能です。

透水係数

井戸は様々な地層を抜いて掘削していきます。粘土層やシルトと呼ばれる砂より小さく粘土より粗い砕屑物（さいせつぶつ）の層、まったくの砂や砂礫（されき）の層などがあります。

地下水の元は山間部に降った雨が、何万年という年数をかけて自然にろ過されたもので、海に流れ込んでいきます。

透水係数とは、土壌に対して水がどれくらい通りやすいかを示す係数であり、地下水は透水係数の高い地層を狙って取水します。

【図表3-5】透水性について

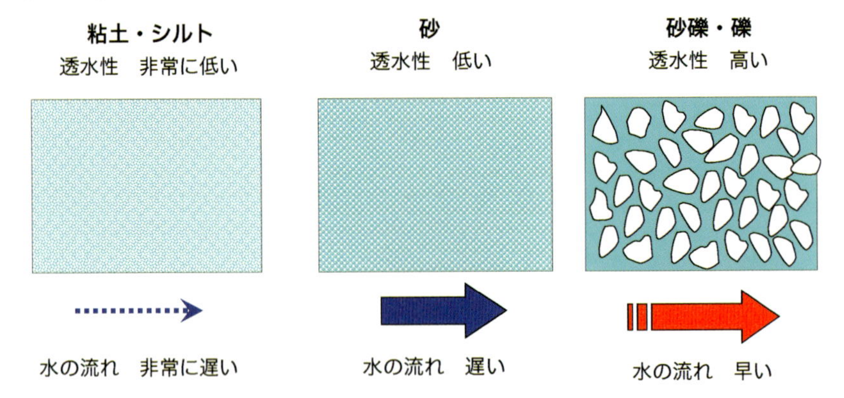

井戸の構造

【図表3-6】井戸の仕組みと井戸の種類

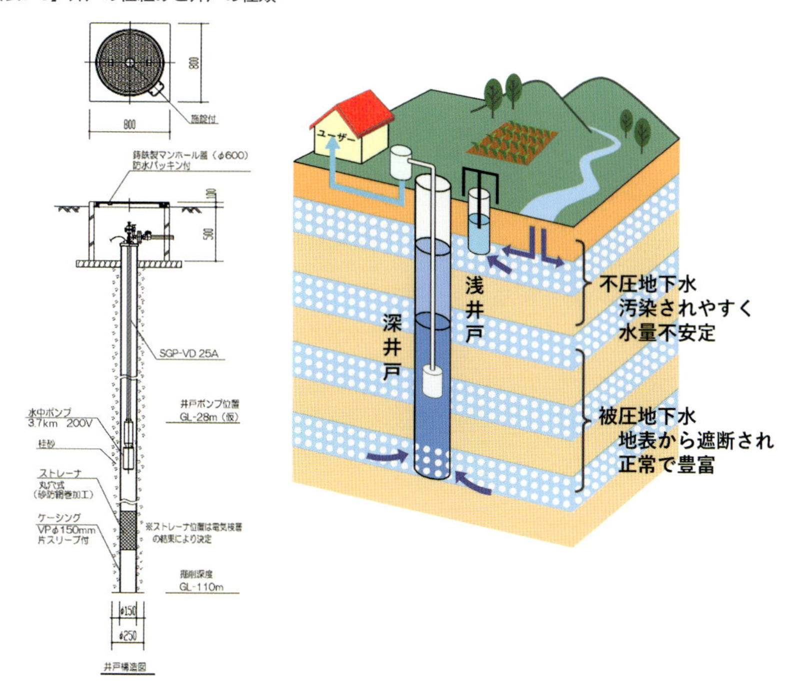

原則、井戸は地表面よりも10cm嵩（かさ）上げしてつくります。これは、雨が降ったときなどに水が入り込まないようにするためであり、行政から指導されることがあります。

山間部から地中浸透した地下水が海に流れていくまでの高低差によって地下水には水頭圧という圧力がかかっています（被圧水）。このため、井戸の取水口に開けられた穴（スリット部）から地下水が井戸の孔内に入り、水頭圧によって水位が上がってきます。

地下水量の確認

地下水は過剰に汲み上げることがないように適正揚水量を確認する必要があります。このため、井戸を掘削した後に揚水試験を実施します。

【図表3-7】のグラフは汲み上げた水の量に対して水位がどのくらい下がっているのかを試験した結果を表しています。横軸が１分当たりに汲み上げる量で縦軸が水位降下量を示しています。

【図表3-7】井戸適正揚水量を示すグラフ

【井戸適正揚水量確認】

井戸掘削後に、井戸賦存量確認のために段階揚水試験及び連続揚水・回復試験を実施し、設計水量が確保できるか確認

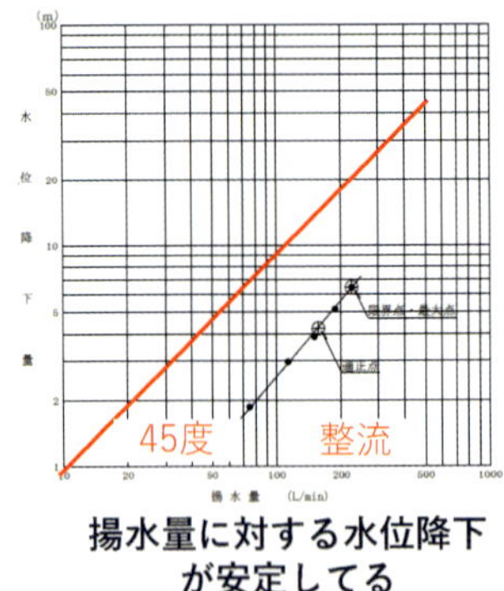

揚水量に対する水位降下が安定してる

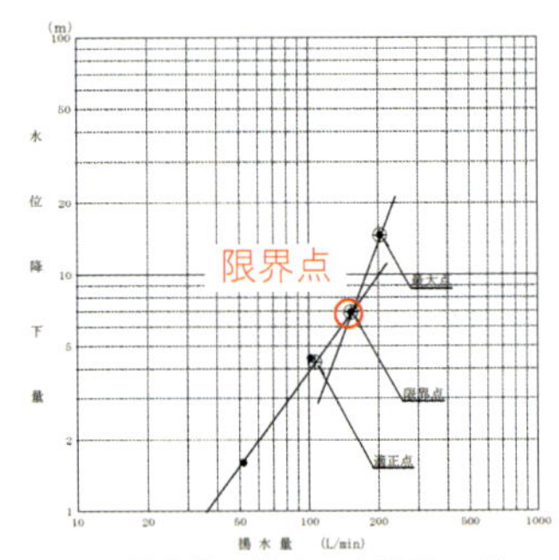

揚水量に対する水位降下が大きいため、揚水量に限界
⇒限界揚水量の70%が設計水量

井戸から水を汲み上げていない場合は自然水位（水頭圧によって安定する水位）の状態ですが、水を汲み上げると水位が下がり始めます。汲み上げる水量（揚水量）と井戸に入ってくる地下水量のバランスが保たれれば水位（運転水位）はある位置で一定を保つようになりますが、汲み上げる量が多すぎると、水位が下がり始めます。このため、井戸の適正揚水量を確認するために次の試験を行います。

段階揚水試験

限界揚水量及び比湧水量を求めることを目的として、MCASでは5段階に分けて揚水量を変えて水位変動を確認する試験です（1段階あたり60分）。

試験結果を両対数グラフとしてプロットし、前掲の左グラフの通り直線となる場合は5段階目を限界水量としますが、右グラフのように屈曲点が発生する場合はこの点が限界揚水量となります。

定量揚水試験

限界揚水量の70％となる適正揚水量で、連続６時間揚水の水位変動を確認する試験です。

水位回復試験

定量揚水試験終了後の回復水位と時間の関係を確認する試験です（【図表3-8】）。

【図表3-8】連続揚水試験・回復試験結果

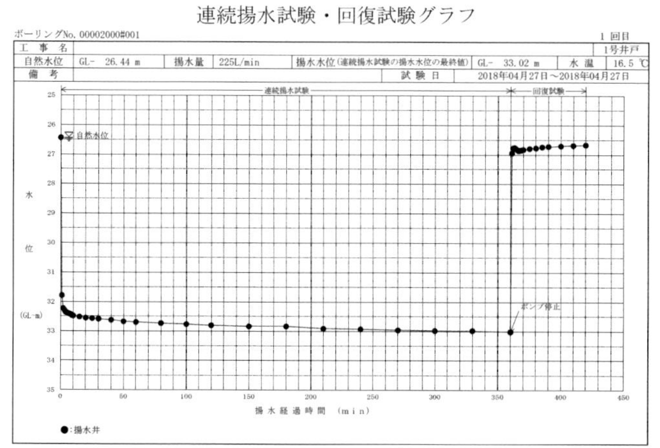

6時間連続揚水するも、被圧により水位が安定。連続揚水停止後も数分で自然水位まで回復。

前掲のグラフは６時間後に連続揚水を停止した後、すぐに水位が元の高さに戻るかどうかを確認したものです。ここではすぐに水位が元通りに回復しているので問題がありません。この水位の回復の仕方で井戸の適正揚水量を確認しています。

地下水の水質確認

揚水量が決まると、次に水質分析を行います。この水質分析結果に応じて浄化処理のフローを決定します。

水道法の水質基準は51項目が定められていますが、浄化処理前の井戸水は消毒剤が含まれていないことから39項目の分析を行うこととなります。これ以外に装置設計上必要と考えているMCAS独自の分析項目を加えて分析します。

【図表3-9】水質基準項目（2024年時点）

区分	No.	項目名	分析方法
微生物	1	一般細菌	標準寒天培地法
	2	大腸菌	特定酵素基質培地法
重金属	3	カドミウム及びその化合物	誘導結合ﾌﾟﾗｽﾞﾏ－質量分析装置による一斉分析法
	4	水銀及びその化合物	還元気化-原子吸光光度法
	5	セレン及びその化合物	誘導結合ﾌﾟﾗｽﾞﾏ－質量分析装置による一斉分析法
	6	鉛及びその化合物	誘導結合ﾌﾟﾗｽﾞﾏ－質量分析装置による一斉分析法
	7	ヒ素及びその化合物	誘導結合ﾌﾟﾗｽﾞﾏ－質量分析装置による一斉分析法
	8	六価クロム及びその化合物	誘導結合ﾌﾟﾗｽﾞﾏ－質量分析装置による一斉分析法
無機物質	9	亜硝酸態窒素	ｲｵﾝｸﾛﾏﾄｸﾞﾗﾌによる一斉分析法
	10	シアン化物イオン及び塩化シアン	ｲｵﾝｸﾛﾏﾄｸﾞﾗﾌ－ﾎﾟｽﾄｶﾗﾑ吸光光度法
	11	硝酸態窒素及び亜硝酸態窒素	ｲｵﾝｸﾛﾏﾄｸﾞﾗﾌによる一斉分析法
	12	フッ素及びその化合物	ｲｵﾝｸﾛﾏﾄｸﾞﾗﾌによる一斉分析法
	13	ホウ素及びその化合物	誘導結合ﾌﾟﾗｽﾞﾏ－質量分析装置による一斉分析法
一般有機化学物質	14	四塩化炭素	ﾍｯﾄﾞｽﾍﾟｰｽ－ｶﾞｽｸﾛﾏﾄｸﾞﾗﾌ質量分析計による一斉分析法
	15	1,4－ジオキサン	ﾍｯﾄﾞｽﾍﾟｰｽ－ｶﾞｽｸﾛﾏﾄｸﾞﾗﾌ質量分析計による一斉分析法
	16	シス－1,2－ジクロロエチレン及びトランス－1,2－ジクロロエチレン	ﾍｯﾄﾞｽﾍﾟｰｽ－ｶﾞｽｸﾛﾏﾄｸﾞﾗﾌ質量分析計による一斉分析法
	17	ジクロロメタン	ﾍｯﾄﾞｽﾍﾟｰｽ－ｶﾞｽｸﾛﾏﾄｸﾞﾗﾌ質量分析計による一斉分析法
	18	テトラクロロエチレン	ﾍｯﾄﾞｽﾍﾟｰｽ－ｶﾞｽｸﾛﾏﾄｸﾞﾗﾌ質量分析計による一斉分析法
	19	トリクロロエチレン	ﾍｯﾄﾞｽﾍﾟｰｽ－ｶﾞｽｸﾛﾏﾄｸﾞﾗﾌ質量分析計による一斉分析法
	20	ベンゼン	ﾍｯﾄﾞｽﾍﾟｰｽ－ｶﾞｽｸﾛﾏﾄｸﾞﾗﾌ質量分析計による一斉分析法
消毒副生成物	21	塩素酸	ｲｵﾝｸﾛﾏﾄｸﾞﾗﾌによる一斉分析法
	22	クロロ酢酸	液体ｸﾛﾏﾄｸﾞﾗﾌ-質量分析計による一斉分析法
	23	クロロホルム	ﾍｯﾄﾞｽﾍﾟｰｽ－ｶﾞｽｸﾛﾏﾄｸﾞﾗﾌ質量分析計による一斉分析法
	24	ジクロロ酢酸	液体ｸﾛﾏﾄｸﾞﾗﾌ-質量分析計による一斉分析法
	25	ジブロモクロロメタン	ﾍｯﾄﾞｽﾍﾟｰｽ－ｶﾞｽｸﾛﾏﾄｸﾞﾗﾌ質量分析計による一斉分析法
消毒副生成物	26	臭素酸	ｲｵﾝｸﾛﾏﾄｸﾞﾗﾌ－ﾎﾟｽﾄｶﾗﾑ法
	27	総トリハロメタン	ﾍｯﾄﾞｽﾍﾟｰｽ－ｶﾞｽｸﾛﾏﾄｸﾞﾗﾌ質量分析計による一斉分析法
	28	トリクロロ酢酸	液体ｸﾛﾏﾄｸﾞﾗﾌ-質量分析計による一斉分析法
	29	ブロモジクロロメタン	ﾍｯﾄﾞｽﾍﾟｰｽ－ｶﾞｽｸﾛﾏﾄｸﾞﾗﾌ質量分析計による一斉分析法
	30	ブロモホルム	ﾍｯﾄﾞｽﾍﾟｰｽ－ｶﾞｽｸﾛﾏﾄｸﾞﾗﾌ質量分析計による一斉分析法
	31	ホルムアルデヒド	溶媒抽出－誘導体化－ｶﾞｽｸﾛﾏﾄｸﾞﾗﾌ－質量分析法
色	32	亜鉛及びその化合物	誘導結合ﾌﾟﾗｽﾞﾏ－質量分析装置による一斉分析法
	33	アルミニウム及びその化合物	誘導結合ﾌﾟﾗｽﾞﾏ－質量分析装置による一斉分析法
	34	鉄及びその化合物	誘導結合ﾌﾟﾗｽﾞﾏ－質量分析装置による一斉分析法
	35	銅及びその化合物	誘導結合ﾌﾟﾗｽﾞﾏ－質量分析装置による一斉分析法
味覚	36	ナトリウム及びその化合物	ｲｵﾝｸﾛﾏﾄｸﾞﾗﾌによる一斉分析法
色	37	マンガン及びその化合物	誘導結合ﾌﾟﾗｽﾞﾏ－質量分析装置による一斉分析法
味覚	38	塩化物イオン	ｲｵﾝｸﾛﾏﾄｸﾞﾗﾌによる一斉分析法
	39	カルシウム、マグネシウム等(硬度)	ｲｵﾝｸﾛﾏﾄｸﾞﾗﾌによる一斉分析法
	40	蒸発残留物	重量法
発泡	41	陰イオン界面活性剤	固相抽出－高速液体ｸﾛﾏﾄｸﾞﾗﾌ法
臭い	42	ジェオスミン (別名)	ﾊﾟｰｼﾞ・ﾄﾗｯﾌﾟ－ｶﾞｽｸﾛﾏﾄｸﾞﾗﾌ－質量分析法
	43	2－メチルイソボルネオール (別名)	ﾊﾟｰｼﾞ・ﾄﾗｯﾌﾟ－ｶﾞｽｸﾛﾏﾄｸﾞﾗﾌ－質量分析法
発泡	44	非イオン界面活性剤	固相抽出－吸光光度法
臭い	45	フェノール類	固相抽出－誘導体化－ｶﾞｽｸﾛﾏﾄｸﾞﾗﾌ－質量分析法
味覚	46	有機物等(全有機炭素)	全有機炭素計測定法
基礎的性状	47	pH値	ｶﾞﾗｽ電極法
	48	味	官能法
	49	臭気	官能法
	50	色度	透過光測定法
	51	濁度	積分球式光電光度法

健康関連31項目　生活関連20項目

地下水には様々な成分が含まれていますが、以下の通り成分ごとに処理方法は異なることから浄化処理フローの組み合わせを決定する必要があります。

【図表3-10】地下水に含まれる成分ごとの処理方法

水質項目	処理方法
鉄・マンガン	塩素酸化、自触媒ろ過　（砂ろ過など）
ヒ素及びその他化合物	凝集ろ過 / イオン交換 / NF・RO
硬度	イオン交換 / NF・RO
溶性ケイ酸（シリカ）	NF・RO
硝酸性窒素	イオン交換 / NF・RO
アンモニア性窒素	低濃度：不連続点塩素処理 高濃度：イオン交換 / 生物処理
有機物 （TOC）	凝集ろ過/ NF・RO
色度	凝集ろ過 / 活性炭

砂ろ過塔と活性炭塔

地下水膜ろ過システムの膜ろ過装置処理前に、砂ろ過や活性炭による前処理ろ過を行います。

砂ろ過塔は、汲み上げた地下水の鉄やマンガンなどを除去します。水質に応じてLV（線速度）やSV（空間速度）を設定します。

また、砂ろ過塔に充填するろ過材は除去する対象成分によって選択します。

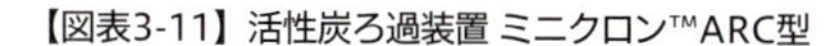

【図表3-11】活性炭ろ過装置 ミニクロン™ARC型

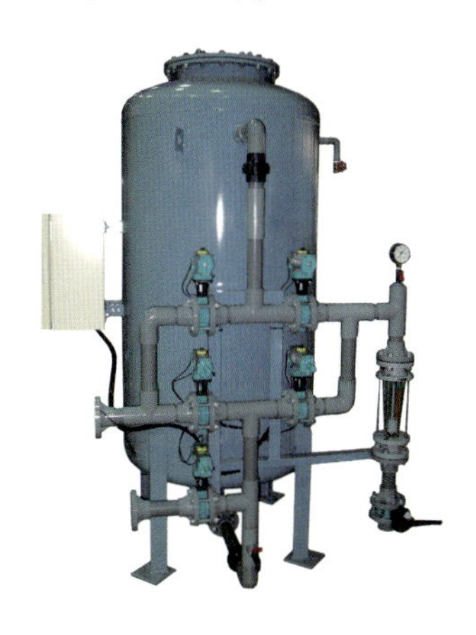

活性炭塔は、砂ろ過塔で除去できない異臭味、色度、消毒副生成物等の除去、及び

残留塩素を分解するために設置します。設置基準は、原水にアンモニア態窒素が一定濃度以上含まれている場合で、砂ろ過塔の残留塩素濃度を高く維持するために設置します。

ろ過膜

砂ろ過塔から活性炭塔の順番で浄化された地下水をろ過膜で処理します。ろ過膜には用途（分離対象物サイズ）に応じてMF（Micro Filtration：精密ろ過）膜、UF（Ultra Filtration：限外ろ過）膜、NF（Nano Filtration：ナノろ過）膜、RO（Reverse Osmosis：逆浸透）膜の種類がありますが、MCASでは通常ＵＦを使用しています。

【図表3-12】ろ過膜の種類

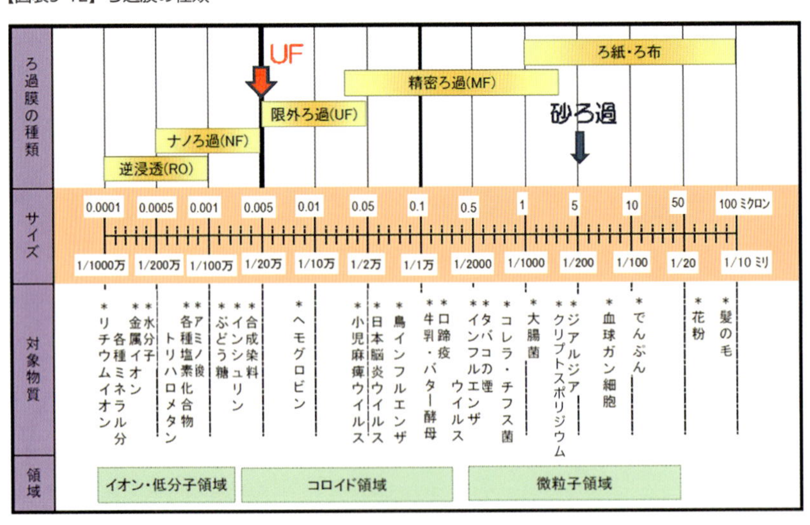

地下水膜ろ過システムで採用しているUF膜は、膜孔径が0.005μmの膜で、微細な微粒子を除去することができます。大腸菌やコレラ菌などの菌、粒子径1～100nmのウイルスやヘモグロビンなども除去できます。

しかしインシュリンやブドウ糖、アミノ酸、トリハロメタンなどは水に溶けているため除去できません。MCASで採用しているUF膜ろ過は中空糸膜と呼ばれる細い管状のものが何万本も束になった形状の膜となります。

地下水利用にあたって

井戸を掘る前に、地下水の水質や汲み上げられる量を知りたいという目的があります。また、地下水を汲み上げることで地盤沈下や周囲の井戸が枯れるといった障害が起こるため、掘削に係るリスクを避ける必要があります。

【図表3-13】井戸を掘る前の不安

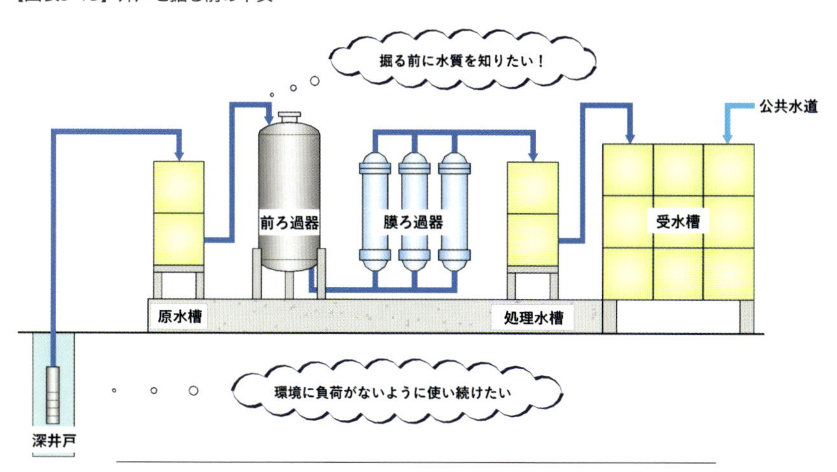

【図表3-14】主な地下水障害の例

地下水障害	現象の一般的な特徴
①井戸枯れ	過剰揚水や掘削工事等の人為的要因により地下水位が低下し、井戸内に流入する地下水が少なくなり、井戸が干上がる現象。
②地盤沈下	粘土層が近接する帯水層からの過剰揚水により、粘土層中の間隙水が流出し、粘土層が圧密収縮した結果として地表面が沈下する現象。
③塩水化	沿岸部において過剰揚水により塩水が帯水層中を遡上し、地下水に海水が混入し、地下水の塩濃度が飲用や農業用に適さないほど高くなる現象。
④地下水汚染	人の健康に有害な物質が地中を移動して帯水層に達し、地下水が汚染された状態。原因としては、人の生活や生産活動に由来する場合と、砒素など自然由来による場合がある。
⑤湧水消失・湧出量減少	雨水浸透面の減少による涵(かん)養量の変化、過剰揚水、地震災害等の自然的要因などによって周辺環境が変化し、湧出量が減ったり消失したりする現象。

井戸の適正揚水量と水質については掘削後に確定しますが、適正揚水量以上の揚水を継続すると、井戸枯れや地盤沈下、塩水化等の事象を起こす可能性があります。

【図表3-15】地下水塩水化の原因

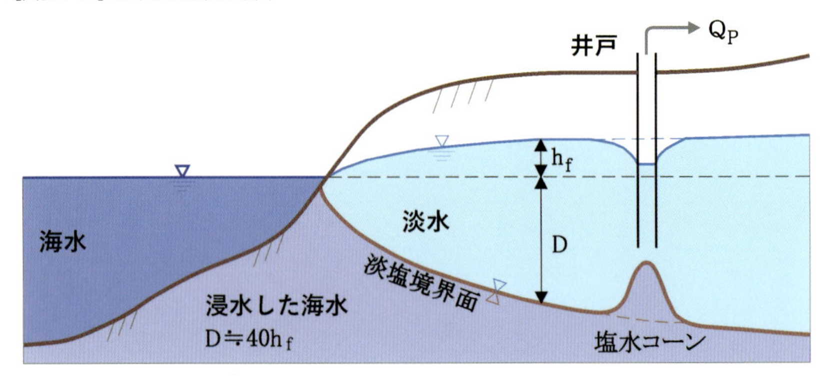

塩水化は淡水を過剰に汲み上げることで、海水を淡塩境界面よりも井戸側に引き込んでしまう事象の一つです。海水を一旦引き込んでしまうと水の道ができて止めることができませんので、塩水化については細心の注意が必要となります。

特に海が近い地域や埋め立て地での井戸の掘削や地下水の使用量については気をつけなければなりません。

井戸枯れや地盤沈下、塩水化、地下水汚染、湧水消失・湧出量減少の五つに対して共通して言えるのは、過剰揚水しないことです。

そのためにも段階試験や定量試験を行い井戸のポテンシャルを確認する必要があります。井戸のポテンシャルを見極めた上で、その制約の中で地下水を上手に使わなければなりません。

水量水質事前調査

井戸を掘削する際のリスクを回避するためには事前調査が必要です。

ただし、地域によっては井戸データが少なく、井戸のポテンシャル等が不明な場合があります。このような場合は、地上から地下水脈の調査を行う方法がありますので紹介します。

【図表3-16】井戸データ

・井戸を掘る前に地下水の水質や、汲み上げられる量を知るために、公開情報や社内保有データを組み合わせ、経験的に予測しています。

公開地質図　　当社保有井戸データの分布

岩盤地帯においては亀裂水の有無を確認するために、電磁探査を行うこともあります。

私どもが保有している井戸データは地図にプロットしており、遠隔監視装置を使用して確認することができます。井戸を示すポイントをクリックすると、井戸データが表示されるようになっています。

地下水探査から得られる情報

データベースの活用以外にも、以下のように機械的・物理的に地下水の状態を探査する方法もあります。

1．地下水脈の存在・・・・・・・・放射能探査、電磁探査、電気探査
2．地下水脈の規模・・・・・・・・放射能探査
3．地下涵養（かんよう）経路・・・・・・・・・・放射能探査、電磁探査
4．地下水水質・・・・・・・・・・電磁探査、電気探査
5．枯渇の可能性・・・・・・・・・・放射能探査、電磁探査
6．地下水公害の可能性・・・・電磁探査、電気探査

水源井戸のメンテナンス

井戸の揚水を続けていくとポンプや配管内側に鉄の酸化物や有機物が付着してきて、放っておくと揚水量が低下してきます。

このため、井戸は定期的にメンテナンスする必要があり、適切なメンテナンスを実施することで長く利用することが可能となります。

図表3-17、18より、井戸の洗浄方法を紹介します。

【図表3-17】井戸の構造及び水位の概念図

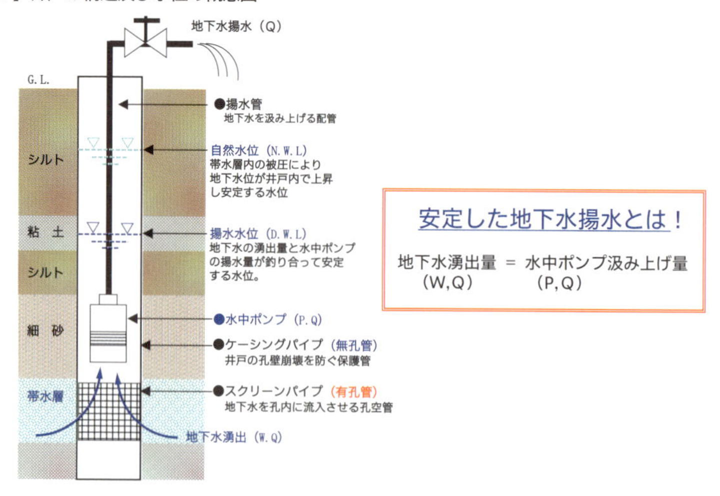

【図表3-18】井戸水の成分により設備が汚れた状態

地下水中に含まれる鉄、マンガン等に起因する鉄バクテリアの繁殖により、
地下水の汲み上げ量低下や水中ポンプの故障などを引き起こします。

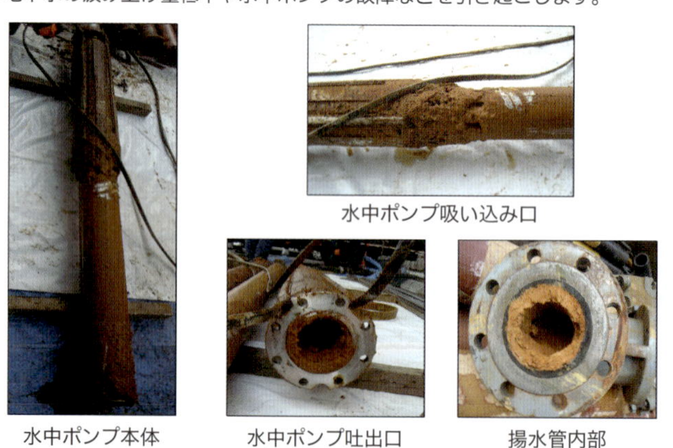

水中ポンプ吸い込み口

水中ポンプ本体　水中ポンプ吐出口　揚水管内部

ポンプや配管の他にも、地層から井戸側に水が通り抜けるスクリーンも詰まってきます。スクリーンの状態を確認するためにカメラを入れて点検します。

【図表3-19】スクリーンが目詰まりしている状態

【巻線型スクリーン】　　【スリット(縦溝)型スクリーン】

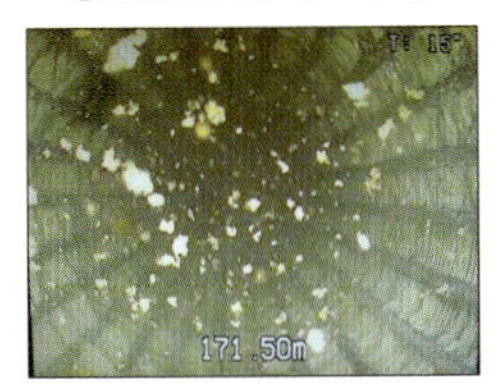

スクリーンパイプ内部

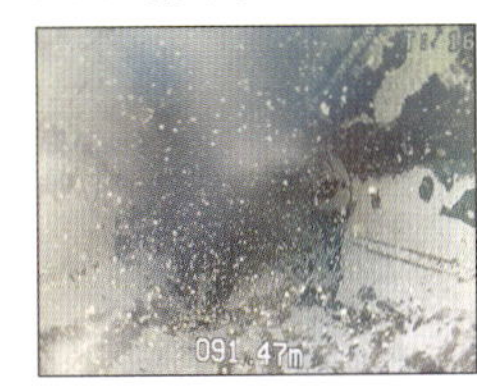

スクリーンパイプ内部

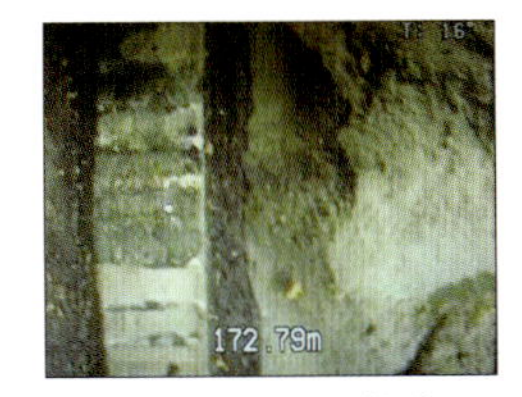

スクリーンパイプ側視

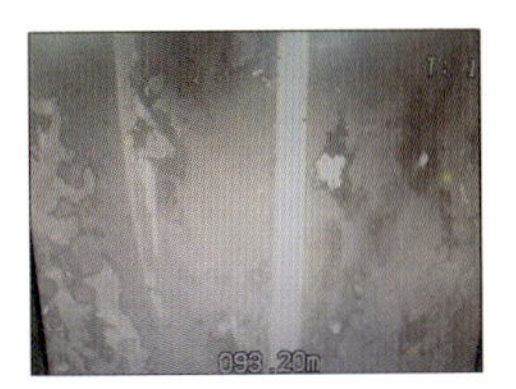

スクリーンパイプ側視

【図表3-20】井戸内のケーシングパイプの腐食やスクリーンの損傷

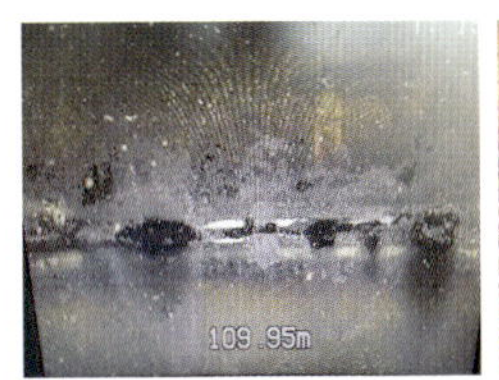

ケーシングパイプ
溶接部の腐食

溶接部の腐食による孔内漏水

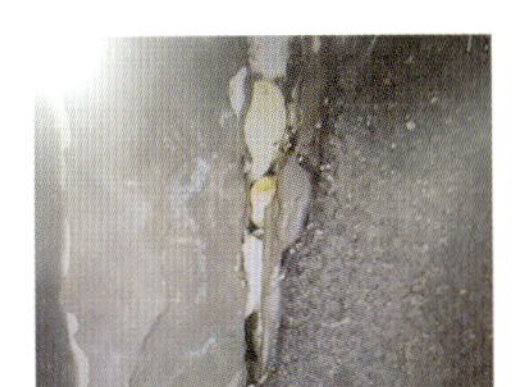
スクリーン損傷
(スリット損傷)

スクリーン損傷（巻線部損傷）

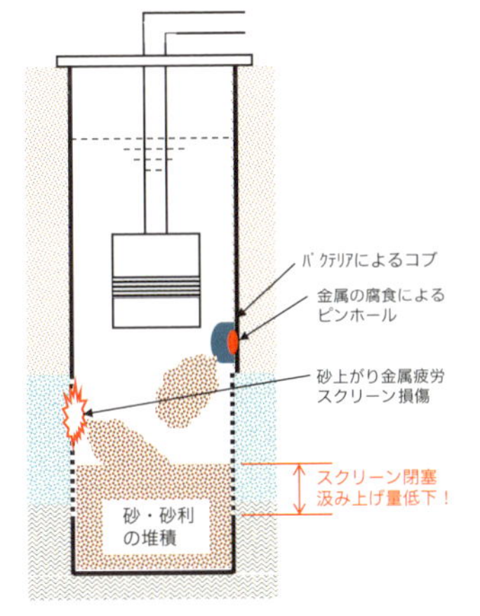

また井戸には堆積物が溜まって取水口を塞ぎ、揚水量が低下することがあります。

そこで井戸内の堆積物を排除するために特殊な治具を使って井戸内の堆積物を取り除きます。この方法にはベーラーと呼ばれる治具を沈めて堆積物を持ち上げて取り除くベーリング洗浄と、洗浄用のパイプを堆積層にまで入れて地上のコンプレッサーから空気を送り込むことで堆積物を取り除くエアーリフト洗浄があります。

【図表3-21】ベーリング洗浄とエアーリフト洗浄

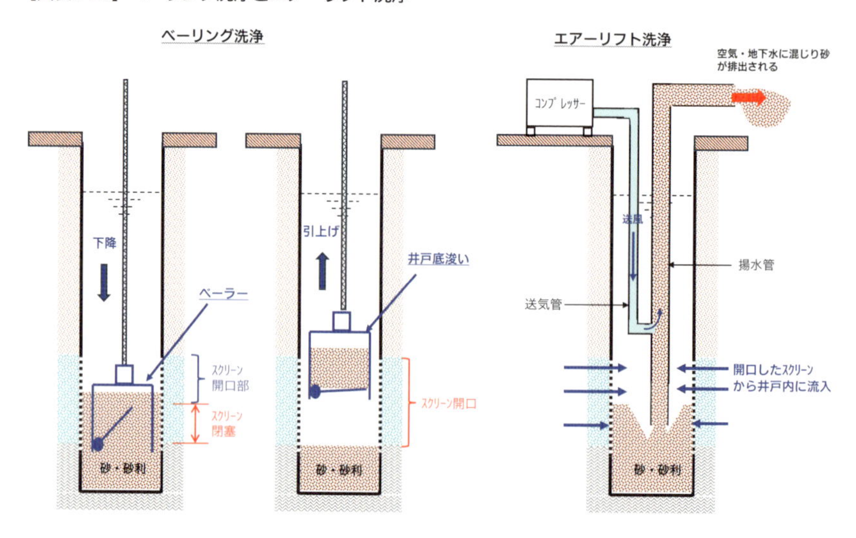

スリットの汚れに対しては、ブラシを入れて掃除するブラッシング洗浄法があります。

【図表3-22】ブラッシング洗浄

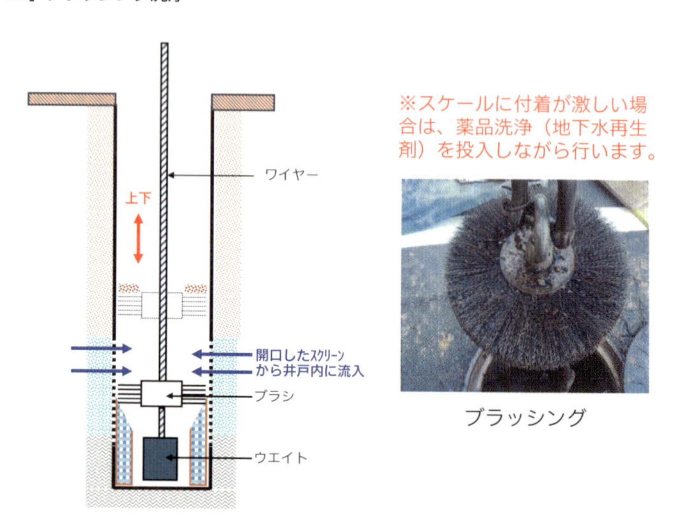

ブラッシング

また、逆通水洗浄と呼ばれる方法では、井戸に水を送り込むことでスクリーンの目詰まりを押し出す洗浄方法もあります。

【図表3-23】逆通水洗浄

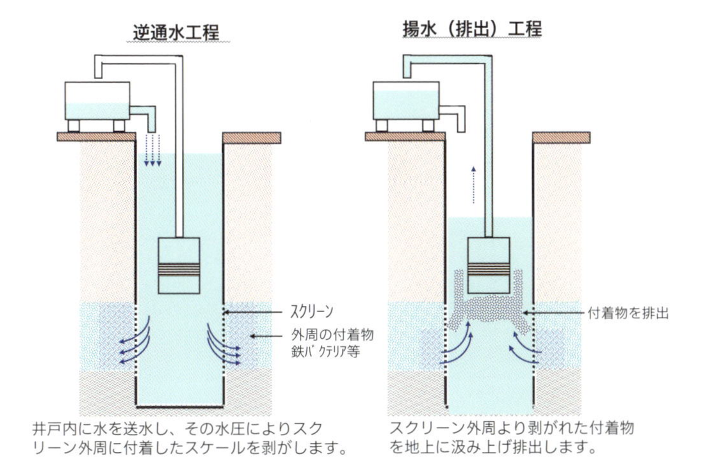

そして井戸に水を送り込んだり汲み上げたりを繰り返すことで、スクリーンを洗浄する方法もあります。

【図表3-24】井戸に水を送り込んだり汲み上げたりを繰り返してスクリーンを洗浄

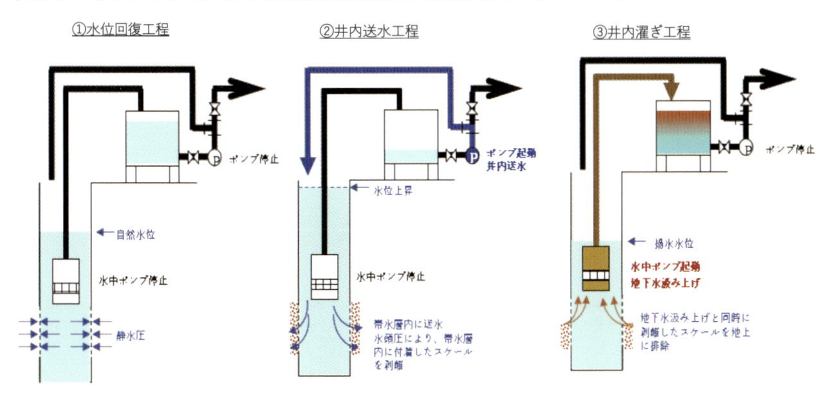

次に井戸が破損してしまった場合には、二重ケーシングと呼ばれる方法で修復します。【図表3-25】のように、井戸のケーシング上部が破損している場合は、内側にケーシング管を設置して破損部分を塞（ふさ）ぐ方法となります。

【図表3-26】のように、井戸のケーシング下部が破損している場合は、内側の管を井戸底まで設置して新しい内壁をつくる方法となります。

【図表3-25】二重ケーシング

井戸内の損傷部が比較的浅い深度やｽｸﾘｰﾝﾊﾟｲﾌﾟに
波及していなかった場合は、部分二重ケーシングをご提案します。
既存のｽｸﾘｰﾝﾊﾟｲﾌﾟの開口率（集水面積）をそのまま保ちます。

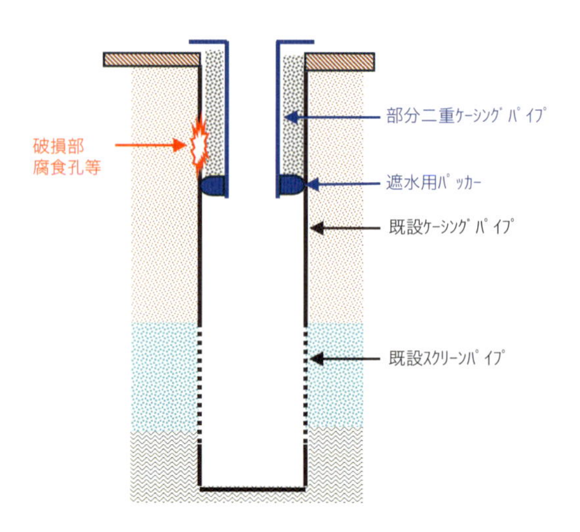

【図表3-26】井戸底まで設置する二重ケーシング

井戸内のｹｰｼﾝｸﾞやｽｸﾘｰﾝの破損が激しいと汲み上げ量の低下や井戸内
崩壊する恐れがあります。
破損状況に合わせた二重ケーシングを施工いたします

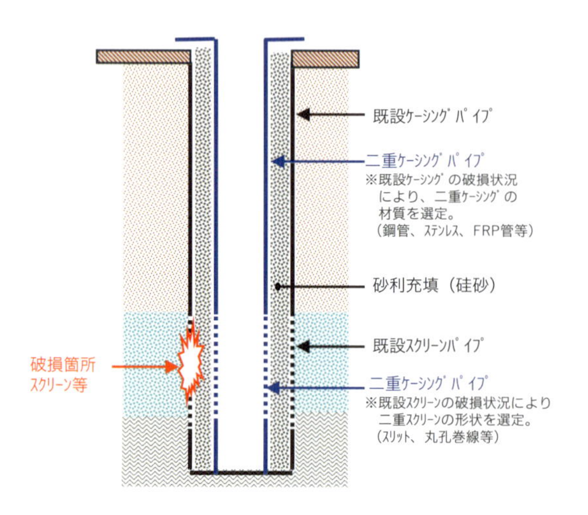

遠隔監視装置

MCASが管理する地下水膜ろ過施設には、WeLLDAS™という遠隔監視装置を設置して監視を行っています。

【図表3-27】MCASの監視システム

総合プラットフォームにクラウド上のサービスを活用し、そこに遠隔監視システムWeLLDAS™や電子点検帳票、水質分析管理システム、導入先のマップデータなどが接続されたシステムです。

これらのシステムにより、現場で取得した計測データなどをウェブ上で確認することができます。

【図表3-28】のように水処理設備の制御盤に通信器を取り付けることで、計測データや映像（カメラはオプション）をリアルタイムで監視でき、スマートフォンやタブレット、パソコンを使ってどこからでもウェブベースで監視できます。

しかもクラウドサーバーを利用しているので自前でのシステム構築は不要です。通信もソフトVPNにより高いセキュリティが保たれ、海外も含めて施設を監視することができます。

【図表3-28】遠隔監視通信ユニット

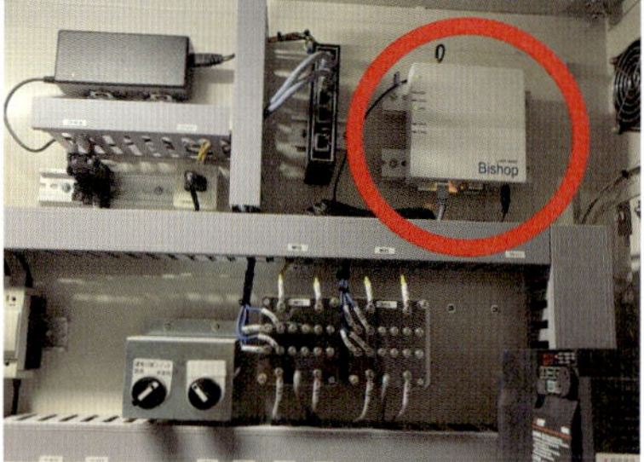

【図表3-29】は、地下水膜ろ過システムの機器の運転状態を確認できる画面です。

【図表3-29】計測データ画面

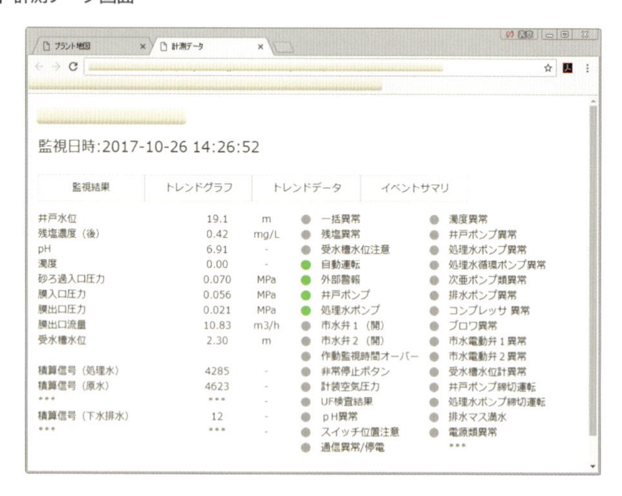

【図表3-30】は残留塩素濃度のデータです。

【図表3-30】トレンドデータ

トレンドデータ 1141: 豊川市民病院

from: 2017-10-26 to: 2017-10-26 時間平均 トレンド表示

監視日時	井戸水位	残塩濃度（後）	pH	濁度
2017-10-26 14:00:00	19.11000	0.42000	6.89933	-
2017-10-26 13:00:00	19.10769	0.41923	6.90308	-
2017-10-26 12:00:00	19.13250	0.41900	6.91200	-
2017-10-26 11:00:00	19.20000	0.42158	6.91579	-
2017-10-26 10:00:00	19.12000	0.42125	6.92075	-
2017-10-26 09:00:00	19.22105	0.42263	6.93053	-
2017-10-26 08:00:00	19.32927	0.41854	6.98415	-
2017-10-26 07:00:00	19.36410	0.43897	6.98000	-
2017-10-26 06:00:00	19.40000	0.41308	7.16821	-
2017-10-26 05:00:00	19.64571	0.40257	7.64371	-
2017-10-26 04:00:00	19.60000	0.41000	7.45793	-
2017-10-26 03:00:00	19.58387	0.41581	7.31484	-
2017-10-26 02:00:00	19.29250	0.42725	6.92300	-
2017-10-26 01:00:00	19.29211	0.42526	6.91974	-
2017-10-26 00:00:00	19.21316	0.42158	6.91047	

【図表3-30】の残留塩素濃度のデータをグラフ化したものが【図表3-31】です。グラフ化することにより経時変化が確認しやすくなります。

【図表3-31】トレンドグラフ

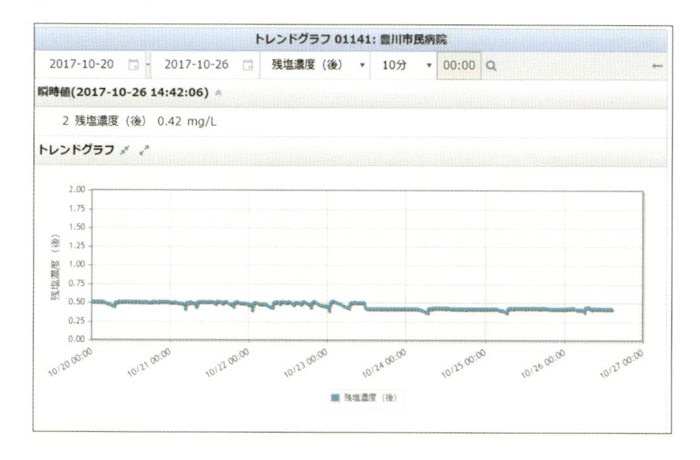

【図表3-32】はイベントサマリで、いつどのようなイベントが生じたのかのログを確認することができます。例えば12:57:46に処理水ポンプは運転中だったが、13:41:57には待機中になったという確認ができます。

【図表3-32】イベントサマリ

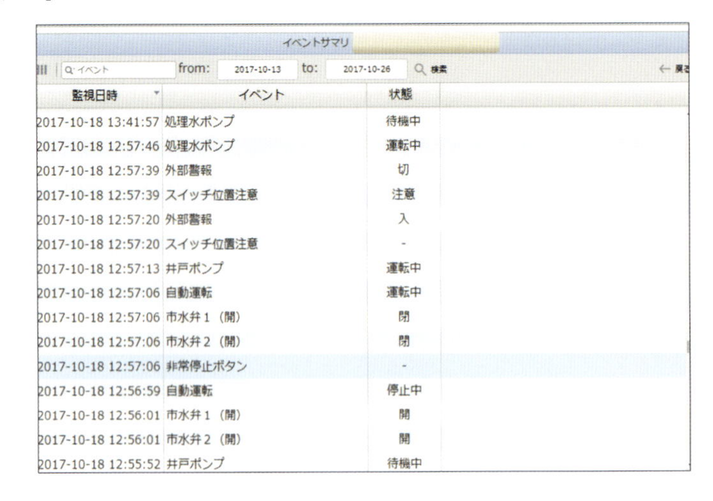

イベントサマリ

from: 2017-10-13 to: 2017-10-26 検索

監視日時	イベント	状態
2017-10-18 13:41:57	処理水ポンプ	待機中
2017-10-18 12:57:46	処理水ポンプ	運転中
2017-10-18 12:57:39	外部警報	切
2017-10-18 12:57:39	スイッチ位置注意	注意
2017-10-18 12:57:20	外部警報	入
2017-10-18 12:57:20	スイッチ位置注意	-
2017-10-18 12:57:13	井戸ポンプ	運転中
2017-10-18 12:57:06	自動運転	運転中
2017-10-18 12:57:06	市水弁 1 （開）	閉
2017-10-18 12:57:06	市水弁 2 （開）	閉
2017-10-18 12:57:06	非常停止ボタン	-
2017-10-18 12:56:59	自動運転	停止中
2017-10-18 12:56:01	市水弁 1 （開）	開
2017-10-18 12:56:01	市水弁 2 （開）	開
2017-10-18 12:55:52	井戸ポンプ	待機中

【図表3-33】の通り、WeLLDAS™は海外案件にも設置されていてリアルタイムに運転状況を確認することができます。

【図表3-33】海外案件の運転状況

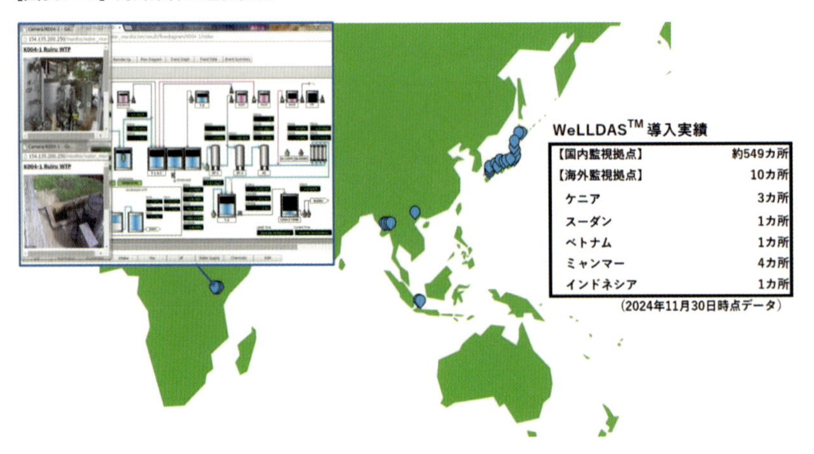

CHAPTER

4

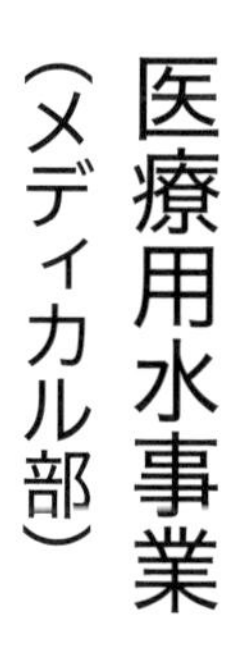

医療用水事業（メディカル部）

医療用水事業とは

医療用水事業は、医療機関や福祉施設、温泉、スポーツ施設などを対象施設として、人工透析用RO水製造装置や手術用手洗装置、医療用水装置、人工炭酸泉製造装置などを扱っています。

例えば透析関係では国内約2,000病院での採用実績があり、手術用手洗装置などは約1,400病院での採用実績があります。

人工炭酸泉はフィルターでお湯に炭酸ガスを混ぜてお風呂用として利用するための装置です。この装置は温浴施設・スポーツ施設関係には約600カ所で採用されており、医療・福祉関係では約300カ所の採用実績があります。

透析用水製造装置（透析用 RO 水製造装置）

【図表4-1】は、透析用RO水製造装置で、外見は箱型パッケージで大きさは高さが２mほど、横幅は１～２mと、各病院の透析ベッド数に応じてバリエーションを揃えております。

【図表4-1】透析用水製造装置（透析用RO水製造装置）

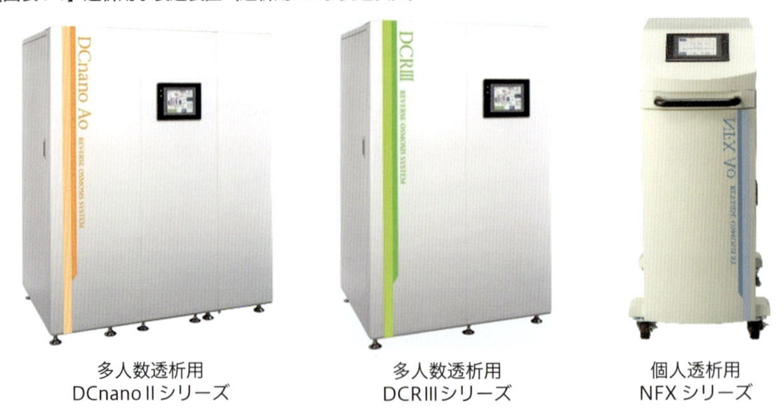

多人数透析用
DCnano II シリーズ

多人数透析用
DCR III シリーズ

個人透析用
NFX シリーズ

現在の日本の病院で使われている透析用水製造装置のほぼ100%がRO装置です。

透析は水道水をRO装置内のRO膜でろ過して精製し、透析液という薬液の希釈水として使用します。その後ダイアライザー（人工腎臓）という治療器具を通じて透析液を患者さんの体内に送り込みます。

もう少し詳しくプロセスをたどると、まず水道水からRO装置できれいな水をつくります。次に患者さんの各ベッドの横に置かれている監視装置で一定量・一定温度の透析液を混ぜます。

一方、患者さんから採血した血液はダイアライザーでろ過し、血液中の老廃物を取り除きます。

このように血液をきれいにして再び患者さんの体内に戻す治療は、５時間ほどかけて行われています。

【図表4-2】透析の工程

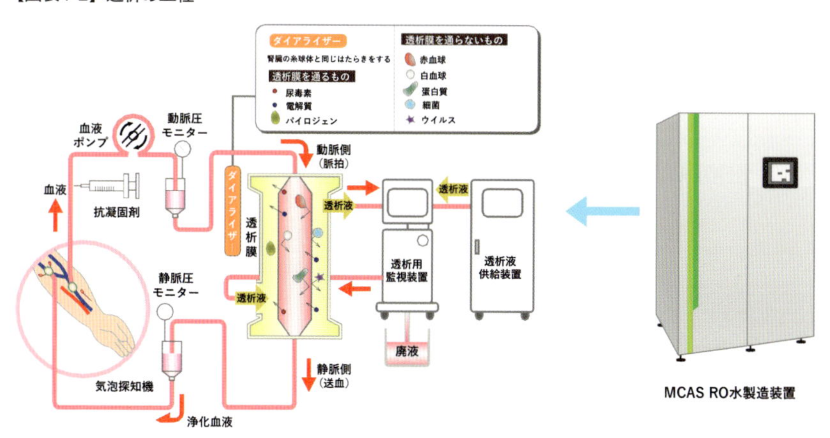

このときに透析液を希釈するために使用する水から不純物（硬度成分や生菌・エンドトキシンなど）が取り除かれていなければならないので、水道水をそのまま使うことができません。そこでＲＯ装置が必要になります。

【図表4-3】のように、ＲＯ装置の内部はＲＯ膜や各種フィルターが搭載されています。

【図表4-3】RO装置の内部

RO装置は機械である以上、故障やトラブルが発生する可能性がありますので、MCASでは全国でのメンテナンス対応を行っています。また、RO膜の交換は４年に１度程度がメーカー推奨ですが、その交換も行います。

医療用水装置

医療機関では透析以外にもきれいな水を使う用途があります。例えば大きな病院であれば、中央材料部という部門で手術用器具を洗浄・消毒したり、手術部で手術前の手洗用水を供給したりしています。

医療現場では、洗浄消毒には水道水を使わずにＲＯ水を使いますし、薬を混ぜる蒸留水を精製する際にも水道水からではなくＲＯ水を精製してからそれを蒸留して使います。また、検査部門においても純水で希釈して検体を検査するニーズもあります。

これらのニーズに応えるために、私どもでは各治療部門に対応し得るＲＯ装置を提供しています。

【図表4-4】用途別RO装置

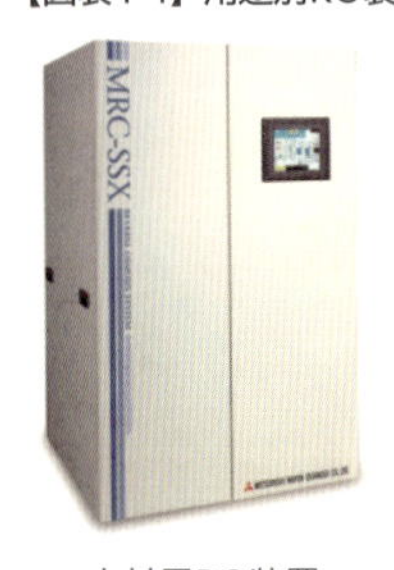

中材用RO装置
SSXシリーズ

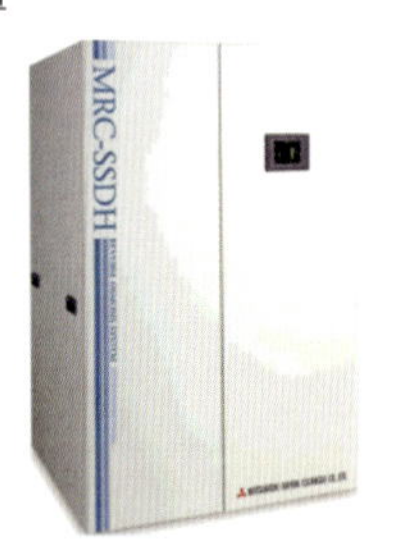

薬剤用RO装置
SSDシリーズ

薬剤用蒸留水製造装置
MWSシリーズ

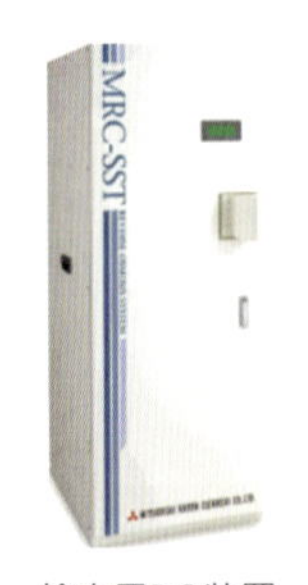

検査用RO装置
SSTシリーズ

医療ドラマ、特に外科を舞台としたドラマでは、医師が手術前に特殊な手洗い所で手を念入りに洗浄するシーンが頻繁に登場します。この手術用手洗装置もMCASでは病院に納入しています。
　このときに手を洗っている水は水道水ではありません。手術用手洗装置から出てくる純度の高い洗浄水です。
　また、手術用手洗装置には、効率よく使いやすいように薬液や医療用石鹸、アルコールなどが完備されています。

人工炭酸泉製造装置

　私どもが提供している人工炭酸泉製造装置は、ボンベに入った炭酸ガスを人工炭酸泉製造装置内でお湯と混ぜて介護施設やスーパー銭湯、スパなどのお風呂に利用されています。また、ヘッドスパ用の炭酸ガス入りのシャワーにも利用されています。

【図表4-5】人工炭酸泉製造装置（業務用・個浴用・治療用）

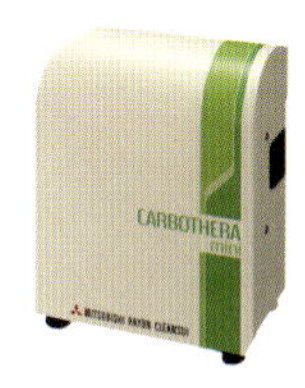

エクセルカーボ™（業務用）　ソーダバス（個浴用）　カーボセラ™ミニ（治療用）

　人工炭酸泉製造装置は、元々は糖尿病患者さんの合併症で動脈硬化が進行し、足などの末梢血管が詰まって様々な障害を起こしている方への治療用として開発されました。
　そのため、ＲＯ装置を導入されている医療施設に対しては、治療用としての炭酸泉の導入のお手伝いもさせていただいています。
　また、炭酸泉はスポーツ選手の疲労回復用にも活用されています。

消耗品（医療材料）

　医療用水事業では、個人用透析装置の設備から大掛かりなセントラル方式の設備まで提供しており、それらの設備に必要な消耗品（医療材料）についても提供しています。

例えば、前述した手術前の手洗作業で、せっかく除菌された水やお湯を使って特殊な石鹸で手を洗っても、最後に拭き取るタオルに菌が付着していては意味がありません。

そこで、一部の医療施設では使い捨てのペーパータオルを利用していますが、ペーパータオルでは完全な滅菌状態を保てないと考えられている施設に対しては、専用の滅菌タオルを提供しています。

滅菌タオルは紙ではなく不織布が使われていて、ディスポーザブルになっています。

水がきれいなほど透析患者さんの生命予後がよくなる

透析治療に関しては、使っている水がきれいであるほど患者さんの治療効果が高まり生命予後がよくなることがわかっています。

また透析については医療費の公的助成制度の対象となったことから、透析用のRO装置が一気に普及しました。

日本は透析患者さんの寿命が長い、世界で有数の治療施設が確立した国です。例えば海外では透析治療は臓器移植までの待ち期間中の臨時措置的な考えがあります。そのため、透析治療にお金をかけようとしませんし透析装置も日本ほど高機能なものは採用されず、その帰結として患者さんたちの多くは臓器移植が間に合わずに４～５年ほどでお亡くなりになるケースもあるようです。

一方、日本では透析治療自体が重視されていますので、高機能な設備が設置されることで患者さんによっては30年ほど長生きされています。

その結果、日本では透析患者さんが30万人以上と海外に比べて圧倒的に多いのですが、海外では短命の方が多いため患者数も人口の割には少ない現状があります。

このような現状ですから、海外で日本の透析システムを導入する医療施設はあまりありません。海外でも日本の透析施設を導入しているのは、日本式医療を導入しようとしている医療施設や日本政府の支援・指導のもとに設立された医療施設、あるいは日本の医療法人が海外進出した場合などです。

CHAPTER

5

排水処理事業

排水処理事業とは

排水処理事業では工場などから排出された水を川や海などの公共用水域や下水道に放流できる水質に、あるいは再利用できる水質に浄化するための設備や薬品を開発・提供しています。

排水の種類は大きく有機系排水と無機系排水に分かれます。

有機系排水には糖類やたんぱく質などの有機物が含まれており、無機系排水には金属やフッ素などの無機物が含まれています。

さらに有機系排水には高濃度の有機物が含まれる高濃度有機系排水と、微生物では処理が難しい難分解性有機物排水があります。

有機系排水と無機系排水とでは性質が異なるため、処理方法も異なってきます。

基本的な方法としては、有機系排水の処理では微生物の働きにより有機物を分解する方法を採用します。一方、無機系排水の処理では凝集沈殿などの方法を採用します。

有機系排水

食品工場などから排出される水には、主に有機物と動植物油が含まれています。動植物油とはラードやサラダ油などです。

有機系排水の処理には、微生物によって生物学的に処理する標準活性汚泥法が一般的に用いられています。

標準活性汚泥法では、反応槽と沈殿池で構成されています。反応槽に空気を供給することで、反応槽中の微生物によって有機物を分解します。反応後の水は後段の沈殿池に供給され、重力で固液分離する方法が採用されています。このように空気を供給することにより微生物を活性化して処理する方法を好気性処理法と呼びます。

また、近年では、特に省スペース化に有効であることから、膜分離活性汚泥法（Membrane BioReactor：MBR）が注目されています。

【図表5-1】は、標準活性汚泥法と膜分離活性汚泥法（MBR）の仕組みの違いを表しています。

排水の有機物汚染の指標の一つとしてBODを用います。BOD（Biochemical Oxygen Demand）は生物化学的酸素要求量と訳され、水中の有機物などの量を、その酸化分解のために微生物が必要とする酸素の量で表したものです。

この微生物に酸素を供給することで有機物の分解を促す手法が標準活性汚泥法または単に活性汚泥法といいます。

微生物と水は重力によって分離させて、上澄水は高次処理してから放流し、沈殿した微生物は再び反応槽へ返送することにより系内の微生物濃度を維持します。

【図表5-1】標準活性汚泥法と膜分離活性汚泥法（MBR）の仕組みの違い

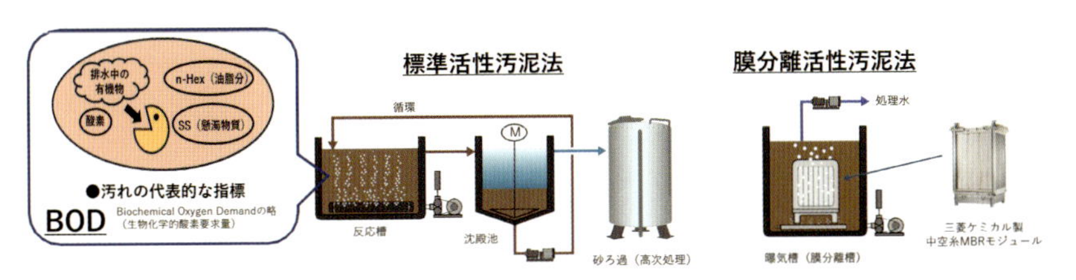

このとき、反応槽ではブロワ等から有機物分解に必要な空気を送り込むことが必要なため、活性汚泥法ではエネルギーコストの削減が課題となっております。

活性汚泥法では有機物分解に伴い微生物が増殖を続けます。そこで微生物の濃度を一定に保つために、定期的に微生物が含まれる水の一部を引き抜き、脱水設備で余分な水分を除去してから産業廃棄物として処理します。そのため産業廃棄物処理費も必要になります。また、活性汚泥法は重力沈降による固液分離を行っているため、沈殿槽のサイズを大きく取る必要があります。

一方、膜分離活性汚泥法（MBR）には次のような三つの特徴があります。

省スペース

膜による固液分離により沈殿池を削減でき、高いMLSS運転により曝気槽を縮小できます。MLSSとは「Mixed Liquor Suspended Solids」の略で活性汚泥浮遊物質と訳されます。曝気槽内の活性汚泥の濃度をmg/Lの単位で表記したものです。

高水質

膜処理により処理水を清澄化し、SS・大腸菌フリーの水を得られます。SSとは「Suspended Solid」の略で、水中に浮いている粒径1μm以上２mm以下の不溶性物質の量を指します。

維持管理の簡易化

微生物はpHや毒性物質等の影響を受けやすく、汚泥性状が悪化すると沈降性が低下します。沈降性が低下した場合、沈殿池から微生物が越流し、水質悪化の原因となります。一方、MBRは汚泥性状が悪化した場合でも膜によって強制的に固液分離を行うため、沈降不良トラブルがありません。

膜分離活性汚泥法（MBR）

膜をフィルターとして微生物などの汚泥と水を分離させるのが膜分離活性汚泥法（MBR）です。MBRでは【図表5-2】のような中空糸膜を搭載したモジュールを曝気槽に沈めて下からブロワで空気を送り込みます。

【図表5-2】中空糸膜を搭載したモジュール

微生物によって有機物が処理された水は中空糸膜によってろ過されます。中空糸膜の表面には微生物より小さい孔が無数に空いているため、微生物を含まないろ過水を排出することができます。

中空糸膜の表面には汚れが付着しますので、常時モジュール下部からブロワによって吹き出された空気（気泡）で汚れを剥離させる洗浄を行います。それでも取り切れない汚れがありますので、定期的に薬品を使用して表面を洗浄します。その間、モジュールを外部に取り出す必要はありません。

また、中空糸膜は樹脂でできているため長期間使用すると劣化します。そのため、中空糸膜は定期的に交換する必要があります。上記で述べた通り、標準活性汚泥法では大きな反応槽や沈殿池、砂ろ過（高次処理）の設備が必要ですが、MBRではこれらの設備を省けますので、MBRを採用すると省スペース化が可能になります。

また、もう一つのMBRの優れた特徴は、活性汚泥法の既存設備があれば、その設備にモジュールを追加するだけで沈殿池を使わなくても処理量を増やすことができることです。

さらに、MBRは維持管理の面でも標準活性汚泥法と比較して容易になります。

標準活性汚泥法では微生物の状態の監視に一定の人員が必要になります。注意していないと微生物が沈殿しきれなくなって排水に流出してしまうことがあるためです。しかしMBRでは膜による固液分離を行うため、排水に微生物が流出することはありません。

【図表5-3】MBRによる設置面積の省スペース化

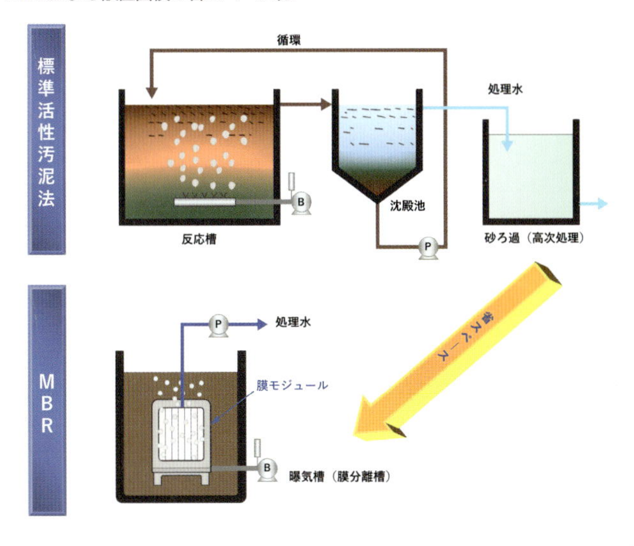

生物担体法

次に、MBRを導入するほどの水質は求められないが、現在稼働している活性汚泥法の性能を高めたいというニーズに対しては、生物担体法の導入を提案することがあります。

ここで用いる担体（DiaFellow™ PT）とは、ポリプロピレンに炭素繊維を埋め込んで表面積を大きくした１cm角のパイプ状の物質で、曝気槽に投入して運転します。担体は、微生物との親和性が高いため、担体の表面には微生物がたくさん付着して有機物の分解効率を高めることができます。

【図表5-4】生物担体法の特徴

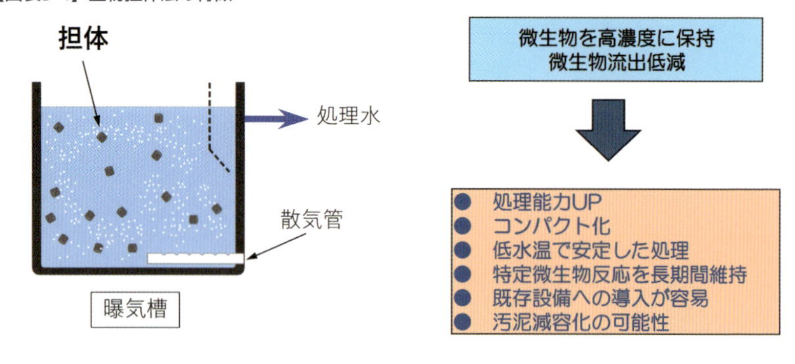

【図表5-5】担体（DiaFellow™ PT）の特徴

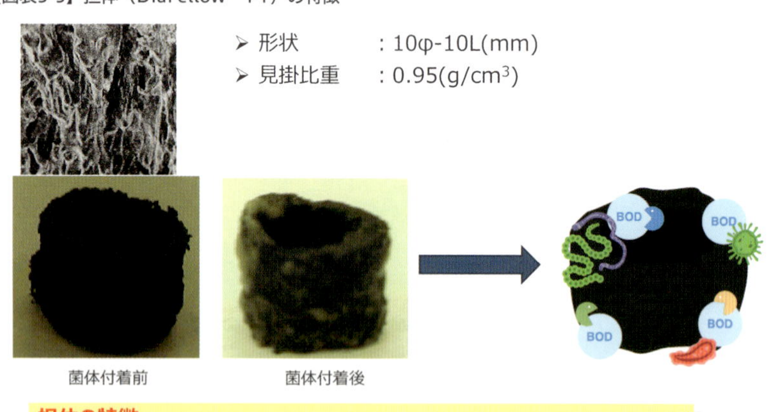

上記担体は強度が高く耐摩耗性に優れます。そのため投入後１年ほど経過してもわずかに補充するだけで効果が持続します。

油分解システム

動植物油が含まれた排水では油が槽の中で固まり、腐敗することで悪臭を放つようになります。悪臭は近隣からの苦情の原因となりますので管理に注意が必要です。

動植物油も微生物が分解することはできますが、分解時間が長かったり微生物が油でコーティングされてしまったりすると分解処理ができなくなってしまいます。そのために油は事前処理します。

【図表5-6】油流入による既設排水処理設備への影響

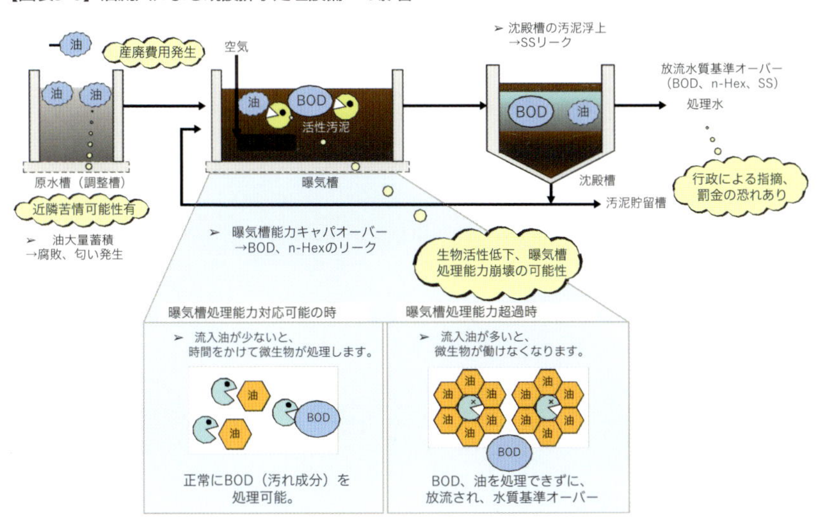

事前に油を処理する方法として加圧浮上法があります。加圧浮上法とは、油が水より軽い性質を利用して、加圧浮上装置により微細気泡を生じさせて油を水面に浮上させて分離する方法です。水面に浮き上がった油は掻き寄せ機で集めて廃棄します。

【図表5-7】加圧浮上装置フロー

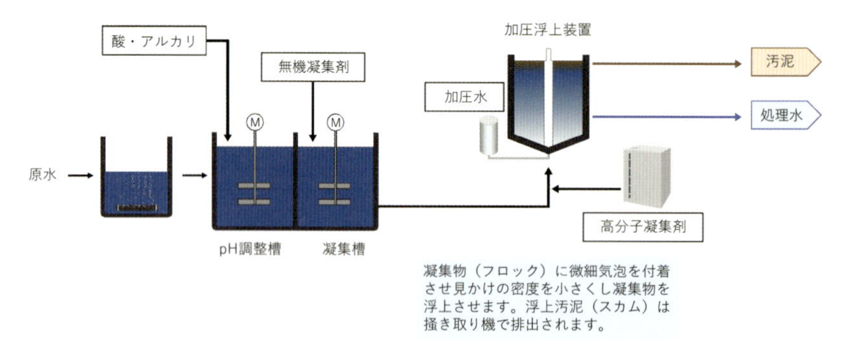

他にも油を分解する特殊な酵素を持つ菌を投入する方法もあります。この方法では菌を投入するだけで特別に装置を追加する必要はありません。

ただし、この方法では常に菌を投入し続けなければならないため、菌体購入によるランニングコスト等が導入時の課題となります。そのため、計画段階から綿密なコスト計算を行っておく必要はあります。

【図表5-8】油を分解する酵素を持つ菌を投入する方法

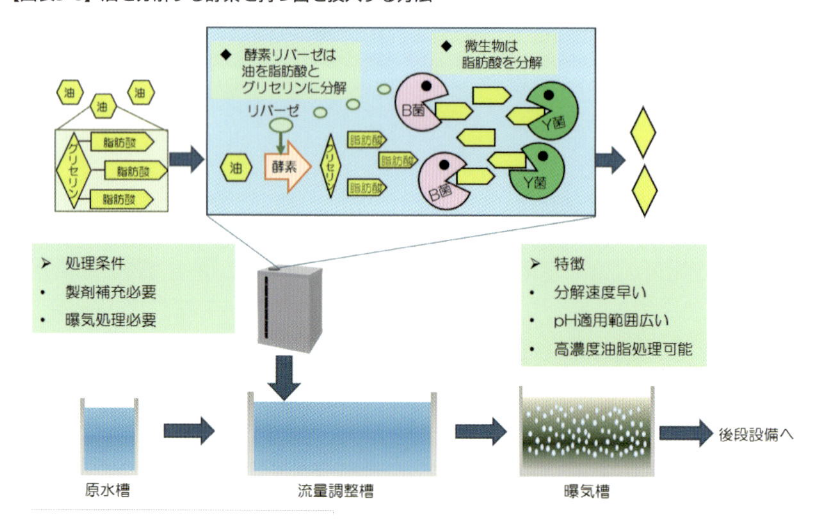

高濃度有機系排水

有機系排水の中でも特に有機物の濃度が高い排水を高濃度有機系排水と呼びます。具体的には有機物が数千、数万mg/L含まれている排水です。

高濃度有機系排水では微生物が必要とする酸素の量が増えるため、空気を送り込むためのエネルギーが大きくなります。また余剰汚泥の量も増えるため、汚泥の廃棄処分費用も大きくなってしまいます。

さらに有機物の処理量を増やすためには反応槽も大きくする必要があり、設置スペースを広く確保する必要が生じます。

以上の問題は、有機物を好気処理である標準活性汚泥法で処理しようとすることから生じています。

そこでこれらの問題を解決するために、嫌気性の処理を行う方法があります。

嫌気処理法とは、酸素のない嫌気条件下で生育する嫌気性菌の代謝作用により、有機物をメタンガスや炭酸ガスに分解する生物処理法です。

嫌気処理法の長所は次のとおりです。

- 余剰汚泥発生量が好気処理に比べて1/3～1/10程度になります。
- 酸素の供給が不要なため、動力消費量が好気処理に比べて1/2～1/3程度に抑えられ、ランニングコストを抑えることができます。
- 嫌気処理で発生したメタンガスを主成分とするバイオガスをエネルギーとして利用できます。

一方、短所は次の通りです。

- 温度やpHなどの環境要因に対して、好気処理よりも運転管理が複雑になります。
- 好気処理に比べてBOD除去率が悪く、二次処理が必要です。
- 排水に油分やSSが多いと、嫌気性菌の分解処理能力は低下してしまいます。

【図表5-9】嫌気処理における有機物の処理経路

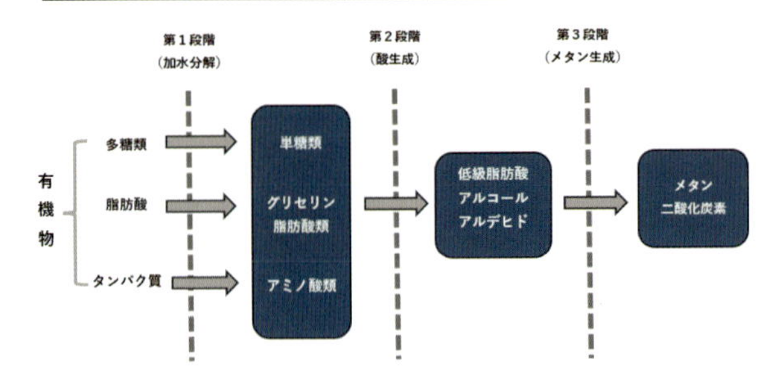

嫌気処理法は主に高濃度有機系排水に適用されますが、有機物濃度があまりにも高い場合は、二次処理として嫌気処理設備の後工程に活性汚泥法（好気処理法）による設備を追加する場合もあります。その場合においても後段の活性汚泥設備を小さくすることが可能であるため、好気処理法単独に比べて優位性があります。

嫌気処理法の主流はEGSB（Expanded Granular Sludge Bed）法です。EGSB法では排水中の有機物を自己造粒化した嫌気性微生物によりメタンガスと二酸化炭素に分解します。発生したメタンガスはエネルギー源として回収して発電に利用することで、売電収益を見込むことができます。

【図表5-10】EGSB法の特徴

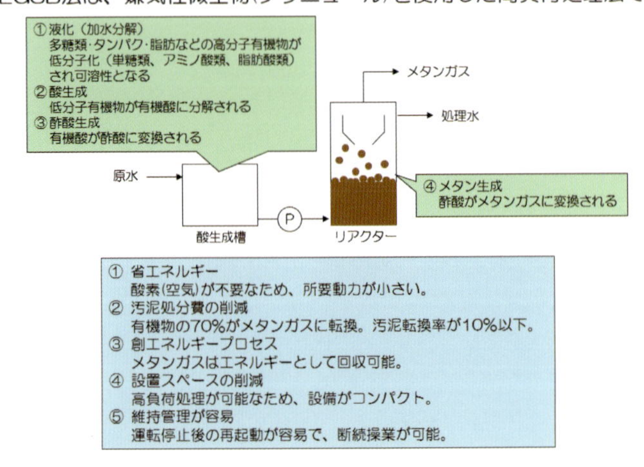

難分解性有機物排水

有機系排水の中でも化学工場などから排出される排水には化学製品や医薬品が含まれているため微生物が分解できない場合があります。このような排水を難分解性有機物排水と呼びます。

微生物による分解ができないため、このような排水を浄化するためには活性炭で吸着する方法と促進酸化法（Advanced Oxidation Process：AOP法）というオゾンや紫外線により化学的に分解する方法が採用されます。

【図表5-11】促進酸化法（AOP）の処理フロー

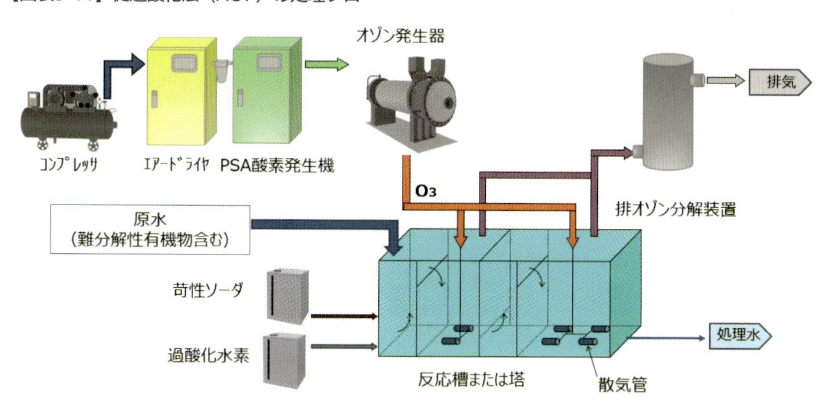

促進酸化法（AOP）ではオゾンや紫外線（UV）によって発生するOHラジカルを利用して排水中の有機物を酸化分解します。

OHラジカルとは、水分子（H_2O）から水素分子が１つ奪われた状態の物質です。非常に不安定な物質であるため、安定するために奪われた水素（H）と結合したがる性質を持っています。ただし、数ミリ秒しか存在できない短命の物質です。つまり、発生した途端に有機物にアタックして分解してしまう性質を持っているのです。

オゾンや紫外線の他に二価鉄と過酸化水素を反応させてOHラジカルを発生させるフェントン反応を利用した処理法もあります。二価鉄とは二つの電子が放出された鉄イオンで「Fe^{2+}」と表記されます。ただしこの方法では、反応に使用した鉄系スラッジ（沈殿物）の処理に費用がかかることが課題になっています。

この課題を解決するためにMCASでは「DiaFellow™ CT」という酸化還元触媒を提供しています。この触媒を使用すると、三価鉄を二価鉄に戻してもう一度使用できるようにします。そのため従来のフェントン反応法に比べて鉄系スラッジの発生を大幅に抑制できます。

【図表5-12】DiaFellow™ CTの酸化還元触媒による鉄リサイクル

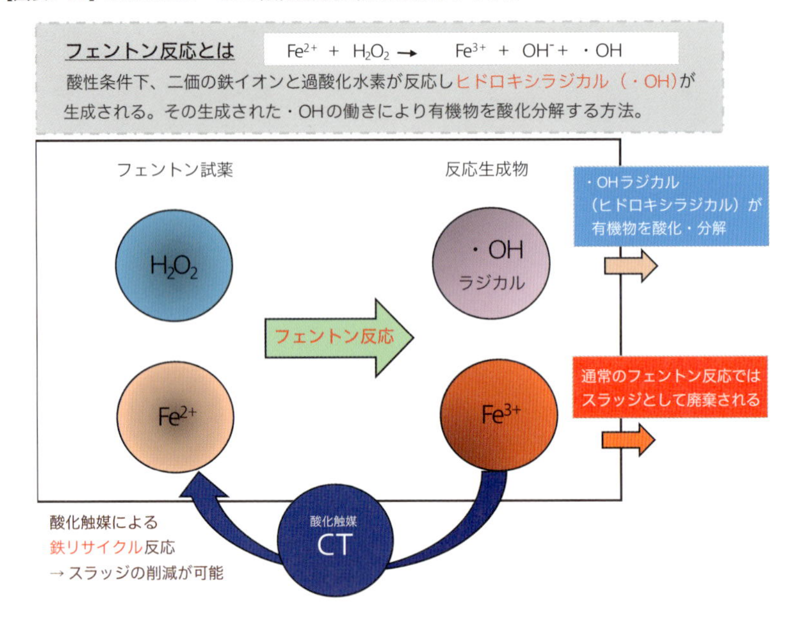

【図表5-13】は、従来のフェントン法とDiaFellow™ CTを利用した場合の処理フローの違いを表しています。

二価鉄がOHラジカルを生成したことで三価鉄に変化したところにDiaFellow™ CTを投与することで再び二価鉄として再利用します。また、膜分離活性汚泥法（MBR）を併用することで、反応槽と中和槽のみで運用できるようになるため、省スペースも実現できます。

【図表5-13】従来のフェントン法とDiaFellow™ CTの比較

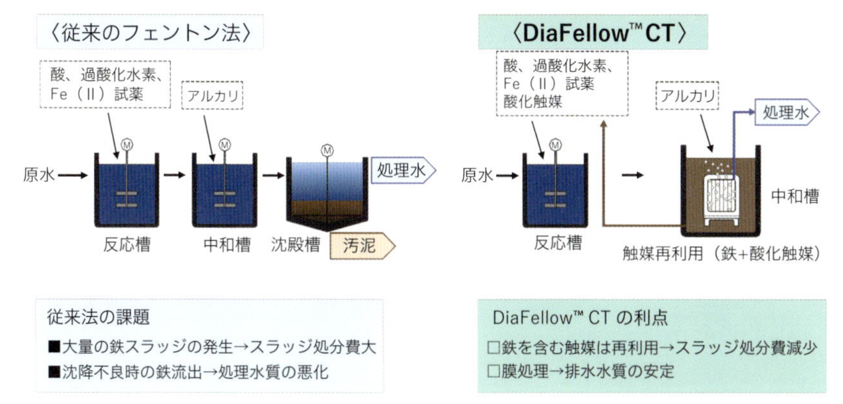

含油排水

「油分解システム」の項で動植物油を含んだ排水の処理方法について説明しました。

この項では、自動車や鉄道車両などを洗浄した際に排出される鉱物油（機械油）を含んだ排水である含油排水の処理について説明します。

鉱物油は微生物では分解できません。もし川や海に放出されてしまうと油膜が生じて魚をはじめとする水棲生物はエラ呼吸ができなくなり死滅してしまいます。そのため、鉱物油の処理については動植物油よりも厳しく規制されています。

従来、鉱物油は加圧浮上により処理を行っていましたが、汚泥の発生や維持管理の煩雑さが課題となっていました。

そこでMCASでは独自に開発した高性能油吸着材を使用したろ過吸着装置「DiaFellow™ DM」を提供しています。

DiaFellow™ DMでは塔内に親油性のポリオレフィン系高分子化合物と無機化合物で構成された粒状品を充填してあり、ここに含油排水を通過させることで油を吸着除去します。

この優れた吸着材により、これまで処理が困難とされてきたエマルジョン油を除去することも可能になりました。

また、加圧浮上処理で必要な薬品の投入や添加量の調整も不要で、加圧浮上槽や汚泥脱水機などの設備も不要になるため、設備がコンパクトになります。

しかも汚泥も発生せず、全自動による省人化と処理水の広範囲な再利用、そして機器点数の少なさによる故障率減少・長寿命化によるコスト削減を実現しています。

DiaFellow™ DMで使用した吸着材は、効果が低下した場合は洗浄ではなく交換します。

以上の特性から、コンプレッサードレン処理や洗車排水処理、水力発電所、自動車、鉄道関連の車両基地、整備工場、機械製作工場などで広く導入されています。

【図表5-14】DiaFellow™ DMで使用される吸着材のイメージ

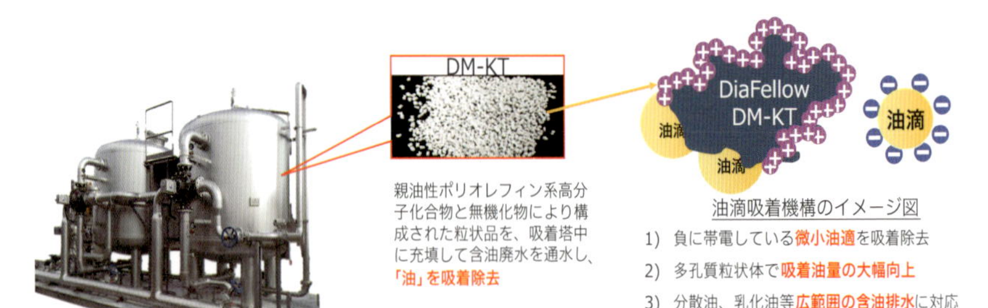

		n－ﾍｷｻﾝ抽出物質				
種類	形状	浮上油	分散油	乳化油	溶解性	非「油」
DM-KT	粒状					
油分の通常存在状態		油層や油膜	水中に分散	小粒子で安定分散	水中に溶解	水中に溶解

無機系排水

金属加工工場や金属精製工場、ガラス加工工場、そして半導体製造工場などから排出される排水にはカドミウムやクロム、フッ素など多様な金属や有害な物質が含まれています。そのため、川や海に放出する際には厳しい規制がかけられています。

このような排水を無機系排水と呼びます。金属などの多くはイオンとして水に溶けて存在しているため、色が付いている場合もありますが、見た目には汚染されているかどうかがわからない場合もあります。

無機系排水は微生物では処理できません。また、膜分離活性汚泥法（MBR）の膜も通り抜けてしまうため除去できません。

そこで除去する方法としては、凝集剤を使用して不溶化処理を施し、凝集沈殿させる方法が採用されます。

【図表5-15】凝集沈殿装置基本フロー

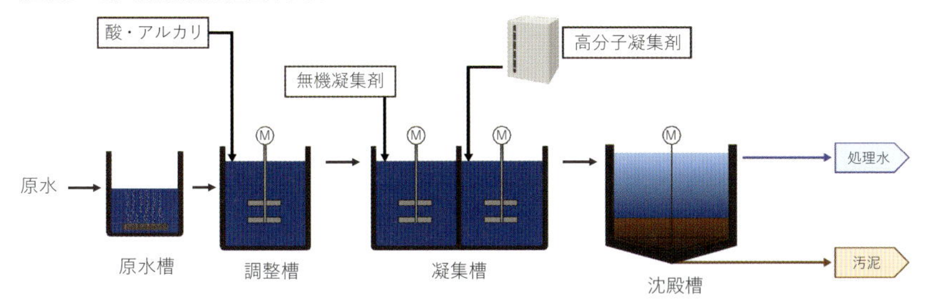

凝集物（フロック）は沈殿し濃縮汚泥として定期的に抜き取り、処理水は上澄み液として排出。

重金属がイオン化して水に溶けている場合は、アルカリ性の物質を投入することで水酸化物として析出して沈殿します。このとき、ある金属が他の金属も抱き込んで析出して沈殿する現象を「共沈」と呼びます。この現象が起きると、理論溶解度より低いpHで析出します。

この凝集沈殿法では沈殿槽の占める面積が大きくなってしまうことが課題となっています。

そこで沈殿槽を小型化するために、析出した物質の粒同士を凝集剤と撹拌機によってさらに絡ませることで粒を大きくする前処理を施し、沈殿速度を高める方法が採用されています。この前処理を行う設備は造粒槽と呼ばれます。

造粒槽により汚泥を高濃度・高比重汚泥に改質して沈殿槽による沈降速度を5～10倍に向上させて省スペース化を実現した設備が高速凝集沈殿装置です。

【図表5-16】高速凝集沈殿装置のフロー

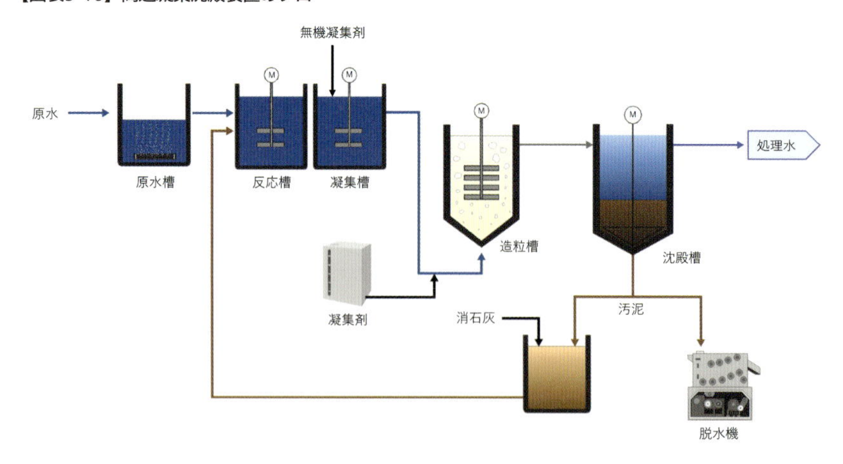

高速凝集沈殿装置では凝集槽でアルミなどを主体とした低分子の無機凝集剤を投入し、さらに粘性のある高分子凝集剤を注入します。これら凝集剤を含んだ液を造粒槽で撹拌することにより粒を大きくします。

そして沈殿槽で沈んだ汚泥を脱水して廃棄処理しますが、汚泥の一部には消石灰を投入して凝集槽の前工程にある反応槽に戻すことで、凝集時の核として再利用します。

脱水汚泥は廃棄処理されますが、脱水ろ液は再び原水槽に戻します。

排水診断及び排水薬品

生物からみた排水診断及び排水薬品とは

生物からみた排水診断（以後、排水診断と略す）及び排水薬品は、生物処理に適用されます。設備装置が外科だとすれば、排水診断及び排水薬品を使うのは内科に該当します。

排水診断は、活性汚泥の微生物から排水処理状況を解析して日常の運転管理についてアドバイスを行うとともに、排水処理に異常（問題）が見られた場合は問題解決に最適な排水薬品を処方します。

排水診断と排水薬品活用の流れは次の通りです。

微生物の調査

活性汚泥の微生物を検鏡により定性・定量化します。人でいえば血液検査やCT検査に該当します。

排水診断

微生物の食物となる有機物と微生物のバランスや酸素の過不足などを解析します。人でいえば健康診断に該当します。

運転管理への活用

診断結果を運転管理に活用します。潜在的な問題（病気の予兆）が見られた場合には、その原因を解析して問題の芽を早期に摘み取ります。

一方、すでに問題が顕在化していた場合（罹患（りかん））は、問題解決のための管理方法や排水薬品の活用により早期解決を図ります。

効能

微生物の調査を行い、排水診断をすることで、潜在的な問題や問題が顕在化していた場合の早期解決など運転管理に活用できることにより安定操業を実現し、設備処理能力がアップされれば、経費削減へと繋がります。

排水診断

1．活性汚泥法について

活性汚泥法は、自然発生的に排水処理環境に適応・増殖した種々の微生物（以後、活性汚泥生物と呼ぶ）の浄化作用に依存した排水処理方法であり、現在最も多く利用されている排水処理方法です。しかし、活性汚泥法による排水処理では、排水成分または排水処理施設の運転条件などの変化（排水処理環境の変化）によって活性汚泥生物の発生種・発生量が変化し、活性汚泥生物に起因する様々な問題が発生します。

そのため、活性汚泥法による排水処理では、活性汚泥生物の変化を把握することが、排水処理管理上極めて重要です。

例えば、活性汚泥生物の変化を把握することによって問題（トラブル）を事前に回避することが可能であり、また問題が発生した場合は、そのときの活性汚泥生物から問題の原因を的確に解析し、適切な対策を図ることができます。このように活性汚泥生物は、排水処理管理に有益な情報を提供してくれます。

したがって、活性汚泥法による排水処理では日常のCOD（Chemical Oxygen Demand：化学的酸素要求量）及びMLSS（活性汚泥浮遊物質）などの化学分析を行うとともに活性汚泥生物の変化を把握することは、排水処理の安定操業及び排水処理施設の効率的運営を図る上での重要な管理手段の一つになり得ると考えます。

そこで私たちは、排水処理の安定操業及び排水処理施設の効率的運営を目的に、独自の活性汚泥生物からみた排水処理機能診断技術を開発し、現在その技術を排水処理管理ツールとして種々の排水処理施設に提供しています。

【図表5-17】微生物による排水処理（活性汚泥法）

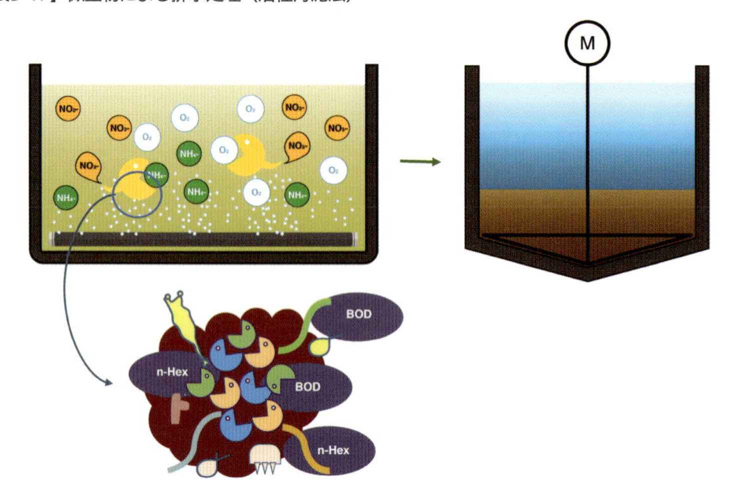

2．排水診断の概要

活性汚泥生物に関する著書は多数出版されており、排水処理管理者は検鏡によって判別しやすい原生動物及び後生動物の発生種・発生量を排水処理の管理指標として活用しています。

一方、私たちは活性汚泥の検鏡によって原生動物及び後生動物とともに、汚泥フロック（細菌の集合体）の性状、糸状性細菌及び放線菌の発生種・発生量、さらには私たち独自の指標生物をチェックし、その生物相を多角的に解析することによって排水処理機能を診断しています。また、生物相の解析は、文献情報及び200カ所以上の排水処理施設から得られた生物相及び排水処理データの解析によって構築された、実践的な指標を用いて行われています。

そのため、私たちの活性汚泥生物からみた排水処理機能診断は、従来の原生動物及び後生動物を指標とした排水処理管理手法と比べて、排水処理状態、問題及びその原因をより的確に把握することが可能です。

さらに、排水診断結果及び日常の排水処理データを総合的に解析することによって、排水処理を安定させるための管理方法を構築できるとともに、処理施設の実能力を把握できるようになります。そのため排水診断は、処理水量アップ及び処理水質改善などを目的とした設備改造ならびに排水処理の省エネ・コスト削減を実施・実現する上で有効な手段と考えます。

【図表5-18】活性汚泥生物からみた排水処理機能診断

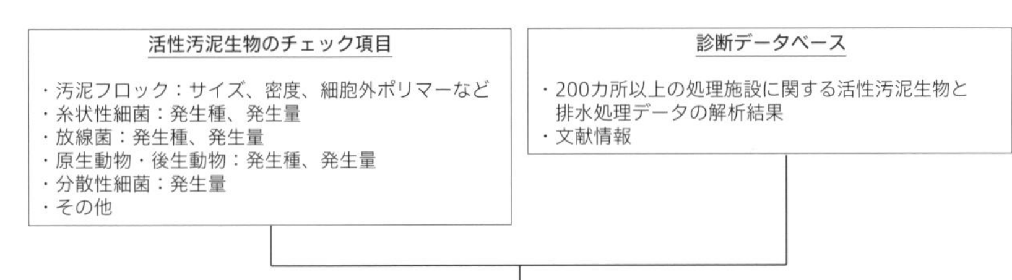

活性汚泥生物からみた排水処理機能診断

・問題の原因解明：汚泥沈降性悪化、発泡スカム、処理水質悪化などの原因解明
・排水処理状態の把握：酸素供給量の過不足、BOD/SS負荷・SRTなどの状態

⇒　問題解決策・予防策、排水処理性能改善・向上策の検討・提案・実施

3．排水診断の適用例

A 製紙工場における排水診断適用例

A製紙工場は標準活性汚泥法の排水処理施設を有し、平均10,000m^3／日の排水処理を行っています。

（1）問題及び原因

A製紙工場では沈殿槽においてスカムが浮上し、処理水のSS濃度が高くなりました。

曝気槽の活性汚泥及び沈殿槽のスカムを検鏡し、排水診断を行った結果、沈殿槽のスカムはGordona amaraeの放線菌に起因していることがわかりました。また、活性汚泥の生物相よりGordona amaraeの増殖は、SRT（Sludge Retention Time：汚泥滞留時間）が長いことに起因していると考えられました。

【図表5-19】製紙工場のスカム中のGordona amarae

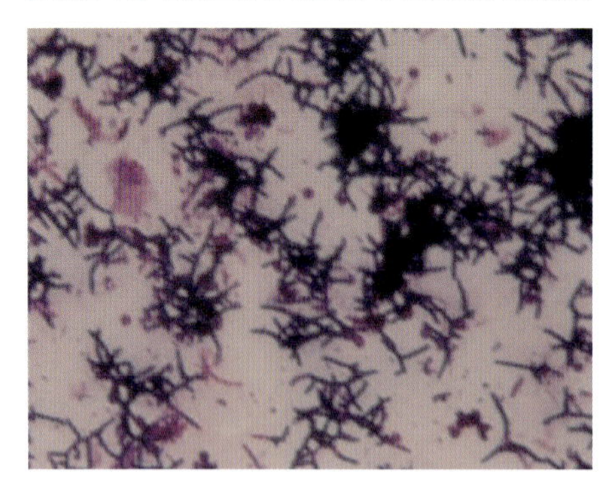

（2）対策及び結果

問題解決の緊急性が低かったこと、及びスカムの原因がGordona amaraeの放線菌であったことから、排水薬品の使用による早期解決策を実施せず、余剰汚泥引抜量を増大し、SRTを短縮することによってGordona amaraeの増殖を抑制し、スカムを徐々に減少させる対策を講じました。

余剰汚泥引抜量を増大し、SRTを徐々に短縮した結果、Gordona amaraeは緩やかに減少し、同菌の減少に伴って沈殿槽のスカムも徐々に減少しました。

B 化学工場における適用例

B化学工場は、標準活性汚泥法の排水処理施設を有し、平均40,000m^3／日の排水処理を行っています。その排水処理施設において処理水のCODが上昇する問題がしばしば生じました。その課題を排水診断結果と日常データを総合的に解析することによって解決しようと試みました。

活性汚泥生物と日常分析データの関係を調査した結果、処理水のCODが上昇しているときは、鞭毛虫類が増加していることがわかりました（【図表5-20】のグラフ参照）。また、処理水のCODと流入水のCODに強い相関関係は認められませんでした。

鞭毛虫類の出現環境より処理水のCOD上昇時は、流入水のBOD（生物化学的酸素要求量）が高くなっている可能性があると考え、検鏡によって鞭毛虫類の増加が見られたときは、直ちに曝気槽への送風量を増大しました。

その結果、処理水のCODの顕著な上昇は見られなくなったため、その後は鞭毛虫類の発生量を指標に曝気槽への送風量を調整し、運転管理を行っています。

【図表5-20】処理水のCODの変化と鞭毛虫類の変化の関係

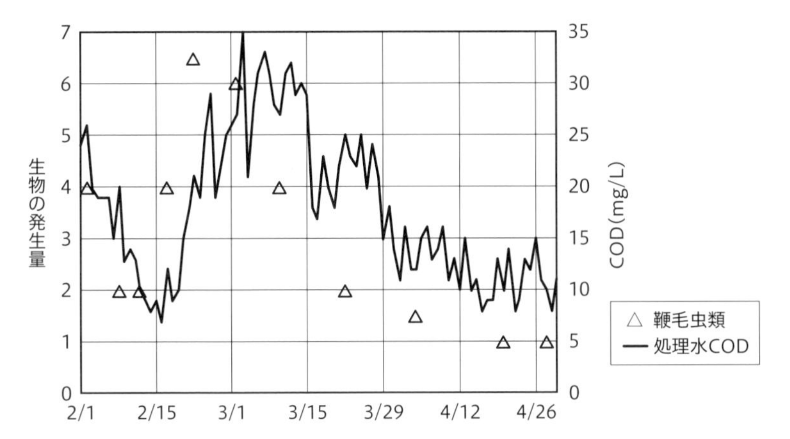

排水薬品

人に処方する薬でも、その症状に合わせて処方する薬の内容は変わってきます。

同じように排水処理でも、その症状によって使用する排水薬品の種類を変える必要があります。

MCASで使用している主な排水薬品と効能は次の通りです。

ラパント™ JA2：糸状性細菌及び放線菌を殺菌駆除し、沈殿槽の汚泥界面上昇・発泡・スカムの問題を解決します

ラパント™ SH-1、ラパント G-1：汚泥沈降性の改善及び処理水の透視度向上、膜ファウリング防止に有効です

ラパント™ AF（消泡剤）：発泡の原因を確認し、最適な消泡剤を選定します

ラパント™ V（粘性低下剤）：活性汚泥の粘性を低下させるため（菌体外ポリマーの減少）、膜ファウリング防止・脱水性向上に有効です

スーパー LB・スーパー LN：微生物の活性向上、汚泥フロックの改質などに有効です

このように用途別に薬品が揃っていても、そもそも問題発生の原因を把握できていなければ有効活用できません。

そこで私たちは、排水診断によって問題の原因を解明し、その問題解決に適した排水薬品を選定します。薬品の効果および適正使用量については実験によって確認します

【図表5-21】問題発生時の診断対応例

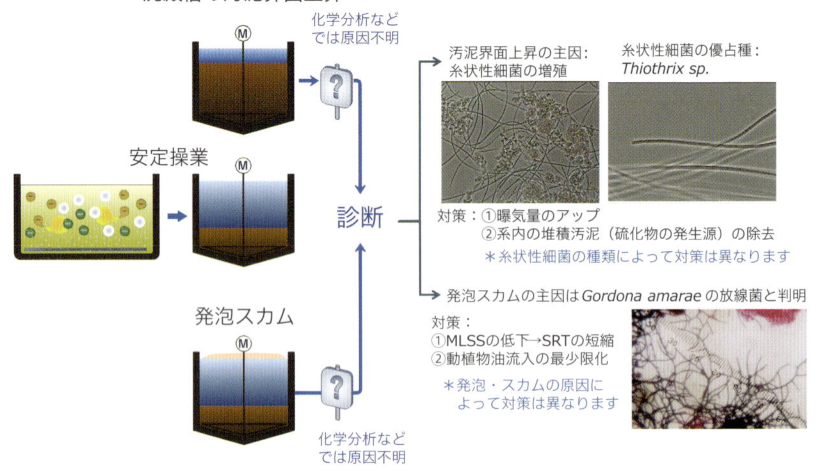

【図表5-22】排水診断から固液分離障害解決までのシナリオ

ラパント™ JA2の性能

排水薬品の主力製品であるラパント™JA2は糸状性細菌及び放線菌を殺菌駆除し、糸状性細菌によるバルキングおよび放線菌による発泡スカムの問題を解決します。

【図表5-23】糸状性細菌・放線菌に対して殺菌性を有するバルキング・発泡スカムの解消・防止剤

ラパント™JA2のType021N･*Gordona amarae* に及ぼす影響
浸漬条件：ラパント™JA2濃度＝ 100mg/L， 浸漬時間＝1時間
スケール： 0.5 μm

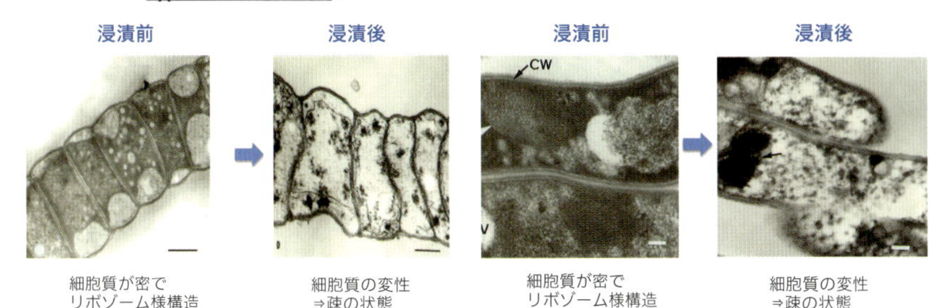

細胞質が密で リボゾーム様構造 → 細胞質の変性 ⇒疎の状態（Type021N）
細胞質が密で リボゾーム様構造 → 細胞質の変性 ⇒疎の状態（Gordona amarae）

ラパント™ JA2の適用例

C食品工場におけるラパント™ JA2の適用例

（1）問題点

C食品工場においては沈殿槽の汚泥界面が上昇し、沈殿槽から活性汚泥が溢流し、処理水のSS（浮遊物質）濃度が高くなる問題が発生していました。

曝気槽の活性汚泥を検鏡し、生物からみた排水処理機能診断を行った結果、次のことがわかりました。

① 沈殿槽の汚泥界面上昇は、汚泥フロックの小型・低密度化によって汚泥フロックの沈降速度が低下していること、及び糸状性細菌の増殖（優占種：Type0803）によって汚泥膨化を引き起こしていることに起因していることがわかりました。

② 活性汚泥の生物相より汚泥フロックの小型・低密度化は、主にBOD汚泥負荷（kg BOD ／ kg MLSS・日）が低いことに起因していること、また糸状性細菌（Type0803）の増殖は、活性汚泥生物に対する酸素供給量が不十分であることに起因していることがわかりました。

（2）対策及び結果

沈殿槽からの汚泥溢流を早期に解消するため、まず糸状性細菌の殺菌駆除剤「ラパント™JA2」(【図表5-24】)によって糸状性細菌を減少させ、沈殿槽の汚泥界面低下を図りました。次に汚泥フロックの大型・高密度化を図るため、MLSSを徐々に低下し、BOD汚泥負荷(kg BOD / kg MLSS・日)を高めるとともに、糸状性細菌の増殖を抑制するための送風量を増大し、活性汚泥生物に対する酸素供給量を高めました。

【図表5-24】C食品工場の活性汚泥の変化

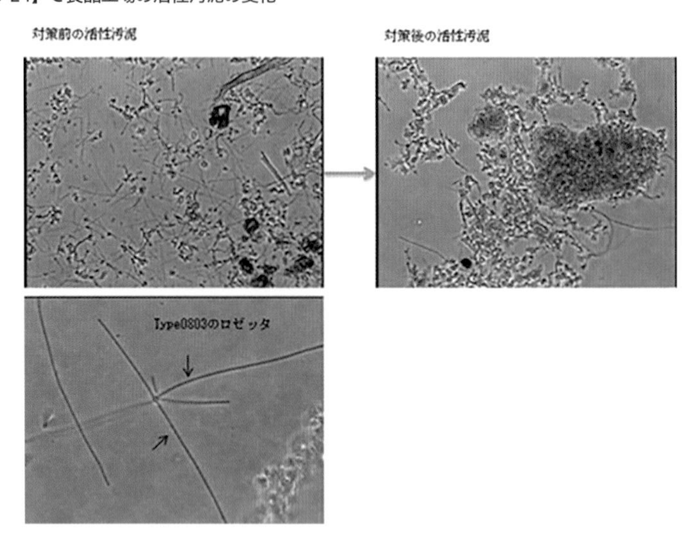

具体的には次の対策を実施しました。また、その結果を次の図に示します。

① 始めに曝気槽容積に対して20mg / Lのラパント™JA2を4日間(合計80mg / L対曝気槽容積)添加しました。その結果、糸状性細菌は減少し、SVI(Sludge Volume Index:汚泥容量指標)が300mL / gから150mL / g前後まで低下したため、沈殿槽の汚泥界面は大幅に低下しました(【図表5-25】)。

② ラパント™JA2の添加と同時に、MLSSを8,000mg / Lから6,000mg / Lまで低下し、BOD汚泥負荷を高めるとともに、送風量を増大しました。

③ 上記の①及び②の対策によって糸状性細菌の増殖は抑制され、また汚泥フロックの低密度部を少ない状態で維持することができたため(【図表5-26】のグラフ)、沈殿槽の汚泥界面を低い状態で安定させることができました。

【図表5-25】糸状性細菌とSVIの関係

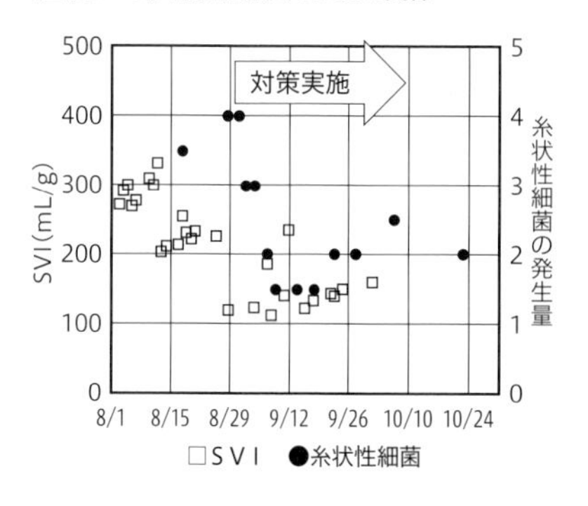

【図表5-26】汚泥フロックの低密度部とSVI

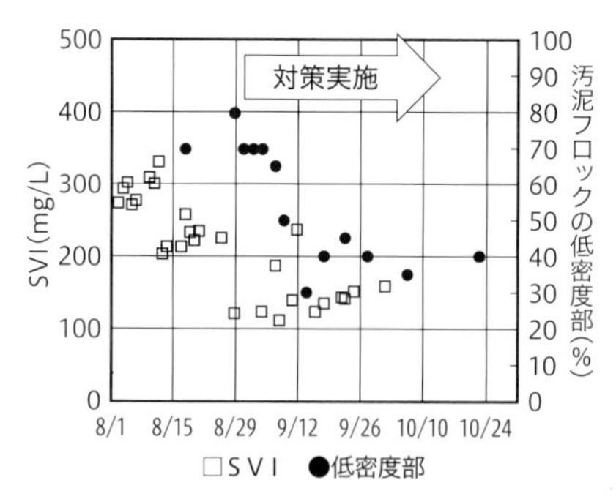

D下水処理場におけるラパント™ JA2の適用例

D下水処理場において発泡スカムが大量に発生していました。

その泡を調査した結果、発泡スカムはGordona amaraeの放線菌に起因していることがわかりました。

そこでラパント™JA2を添加した結果、放線菌の減少に伴って終沈槽の発泡スカムは減少しました（【図表5-28】参照）。

【図表5-27】放線菌数と発泡スカムの関係

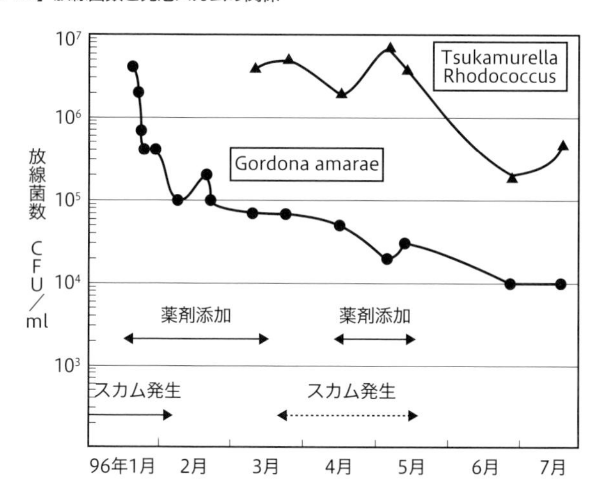

【図表5-28】終沈槽の変化

ラパント™JA2添加前　ラパント™JA2添加中　ラパント™JA2添加から1カ月経過後

現在は問題が発生したときに検鏡により人の目で微生物の状態を確認していますが、現在はAIによる排水診断の開発も行っています。

また将来、排水処理に係る菌叢解析データが整備され、菌叢を活用した排水処理管理が提案されることが予想されます。そのため我われも現行の検鏡による排水診断に菌叢解析データを含めた排水診断を構築することが必要と考えます。

CHAPTER

6

レンスイ薬品シリーズ

レンスイ™薬品シリーズとは

レンスイ™薬品シリーズは、主にオフィスビルや商業施設の空調設備、工場の冷却プロセス、冷蔵倉庫の大型冷凍機、バイオマスなどの発電設備等で使用される冷却水処理薬品です。

冷却水の管理を怠ると、水中の様々な要因により障害をもたらします。腐食進行による設備寿命の低下、スケール生成による伝熱障害や冷却不良、これに伴うエネルギー浪費、さらに冷却水は微生物の繁殖適温条件でもあることから微生物塊（スライム）が出現し、あらゆる障害の原因と衛生上の問題となります。特に病原菌であるレジオネラ属菌が大量繁殖してしまうと、人体への健康被害に及ぶため、これら障害を確実にかつ継続的に防止するためレンスイ™薬品を推奨しています。

【図表6-1】冷却水の管理を怠ると生じる不具合

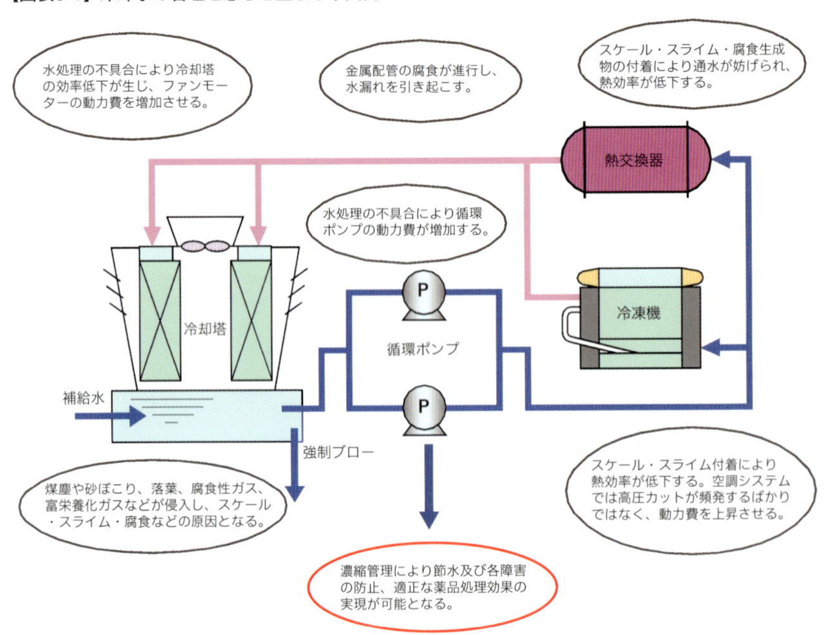

【図表6-2】冷却水の管理を怠ったことで生じる問題の例

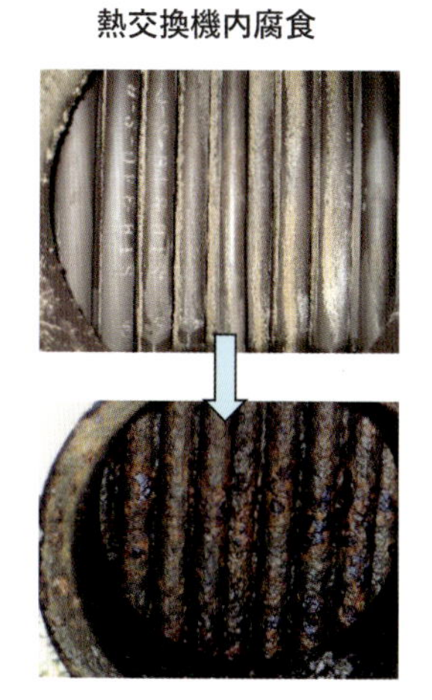

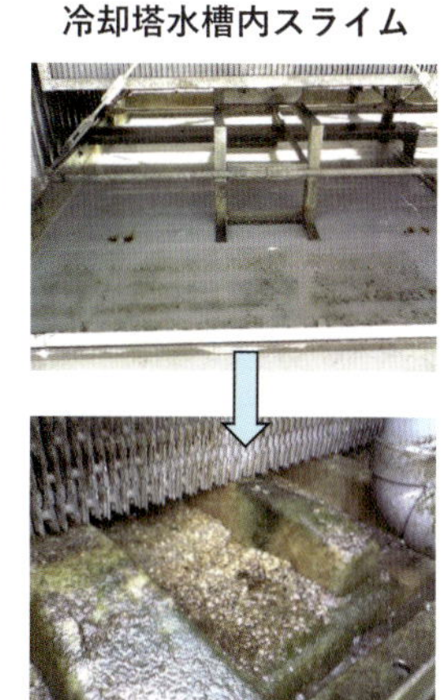

冷却塔設備とは、大量の水に外気を強制的に接触させ蒸発によって気化熱を効率的に放出する設備です。その分外気からの土砂や粉じんが混入しやすく、加えて補給水から常に持ち込まれる塩類や懸濁物質が過剰に濃縮するため、前述のいわゆる冷却水３大障害である「腐食」「スケール」「スライム」を引き起こします。

【図表6-3】冷却水３大障害

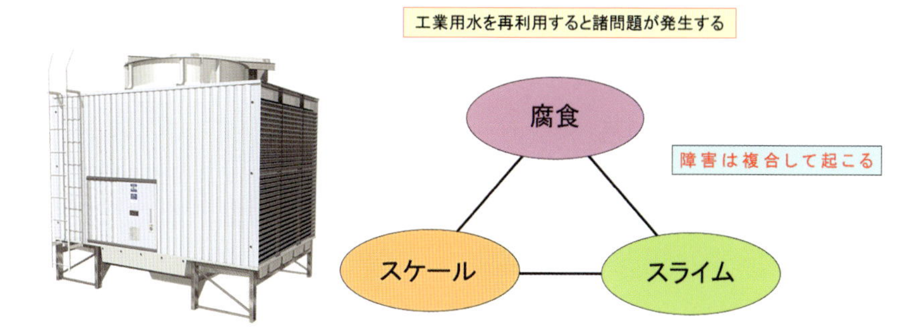

【図表6-4】冷却水３大障害が発生する仕組み

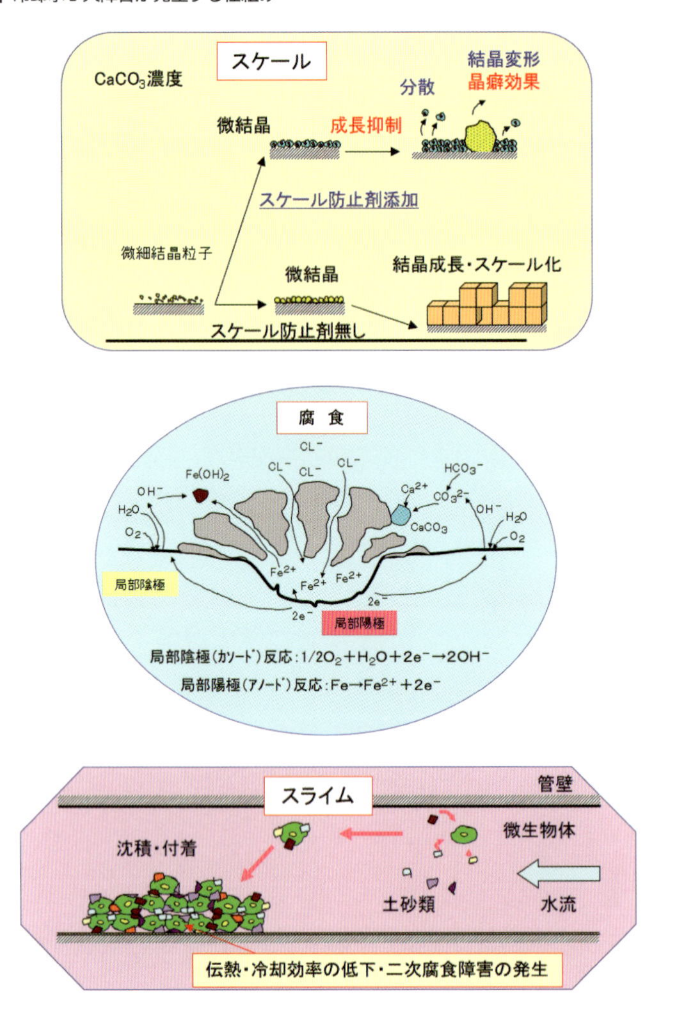

必要な薬品投与と水質のモニタリング

冷却水３大障害「腐食」「スケール」「スライム」に対してそれぞれに有効な成分を混合したいわゆるマルチ剤と呼ばれる１液タイプの薬品が多く普及しています。このタイプは利便性がある一方で成分が過剰となることもあり、薬品の無駄な消費による環境汚染やコスト高を招く恐れがあります。

弊社は、この１液タイプに改善の余地がある場合は２液処理を推奨しています。

【図表6-5】は従来のマルチ剤との比較例です。従来使用されているマルチ剤に比べて、使用量、薬剤コスト及び排水負荷において２液処理が優れていることがわかります。

【図表6-5】２液処理と従来マルチ剤との比較例

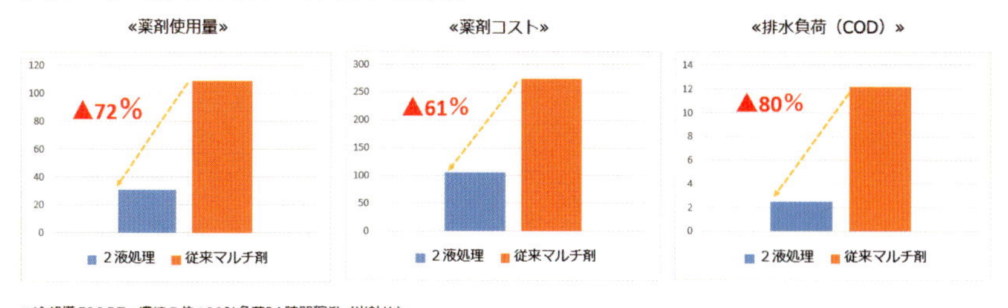

※冷却塔 500 RT：濃縮５倍 100%負荷24時間稼働（当社比）

さらに２液処理を自動化することにより水質管理精度が上がるため、効率的な運用が可能です。

【図表6-6】のように冷却塔の水質モニタリングをすることで、薬品処理を自動化し、遠隔監視も可能になります。

【図表6-6】冷却塔用薬注装置レンスイ™・キュービック・ウォーカー・システム

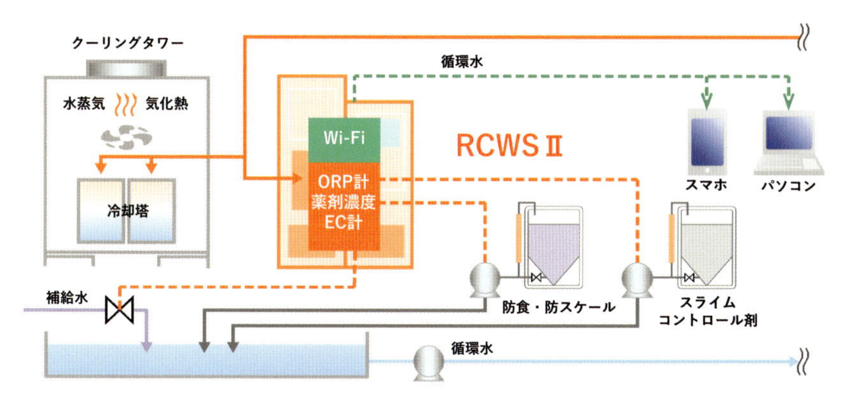

三菱ケミカルグループには冷却塔メーカーもあることから、従来の冷却水薬品管理に加え冷却塔メンテナンスや更新についても、ワンストップで対応できる体制にしています。

【図表6-7】冷却塔・薬注装置・メンテナンスサービスをワンストップで

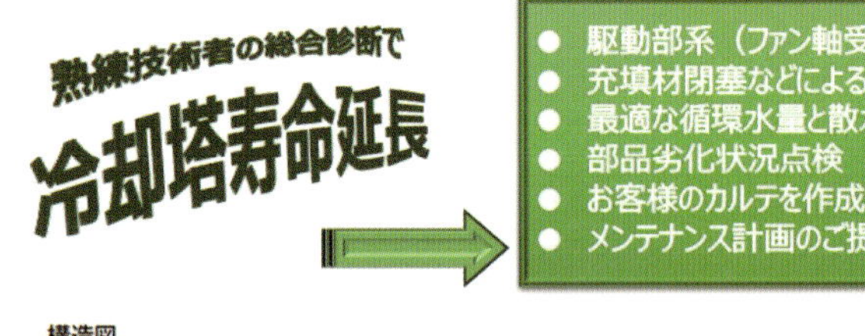

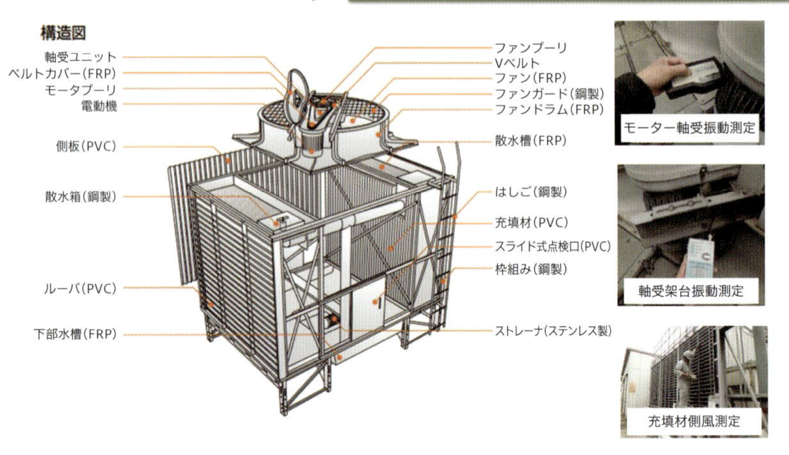

冷却水と人体への影響

これまで冷却水の水質悪化が冷却塔の寿命や効率を低下させる原因となることを説明してきましたが、最後に直接人体に被害を及ぼすレジオネラ属菌について説明します。

2023年７月に、宮城県大崎市の病院でレジオネラ菌による集団感染が起きました。40代から90代の男女６人が感染して80代の男性と40代の女性が死亡しました。

レジオネラ属菌の発生源が病院の屋上に設置された冷却塔であることが特定されました。この冷却塔からは厚生労働省が定めるガイドラインの68万～97万倍ものレジオネラ属菌が検出されました。レジオネラ属菌は自然界に広く存在していますが、冷却塔設備で爆発的に繁殖してしまうことがあります。この病院での感染事故は、冷却塔の水質管理を怠ったことにより発生した事例と言えます。

レンスイ™薬品シリーズには、このような冷却塔におけるレジオネラ属菌の感染事故を防止するため、レジオネラ属菌の殺菌に有効と認められた「抗レジオネラ用空調水処理剤協議会認証登録薬品」をラインナップしており、お客様へ推奨しています。

CHAPTER

7

分離精製事業

分離精製事業とは

分離精製事業では、様々な液体を分離精製することで液体を高純度化したり、特定の物質を回収（有価物回収）したりする技術を提供する事業を行っています。

特に医薬品や食品、あるいは化学品での有価物質の分離と精製技術において多くの実績を持っており、資源を再利用する回収技術では環境改善にも貢献しています。

【図表7-1】分離精製システムの貢献

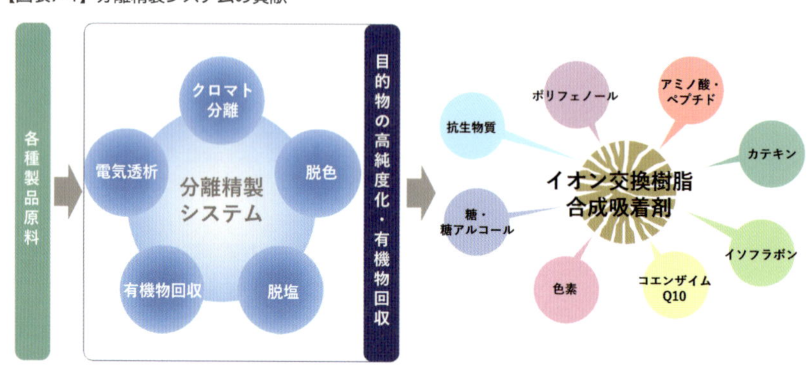

具体的にはイオン交換やクロマト分離、膜分画のコア技術により、脱塩・減塩や分離・分画、脱色、軟化、pH調整・脱酸、回収・濃縮、清澄化、酵素固定化・担持、触媒反応などを実現しています。

【図表7-2】分離精製のコア技術と活用分野

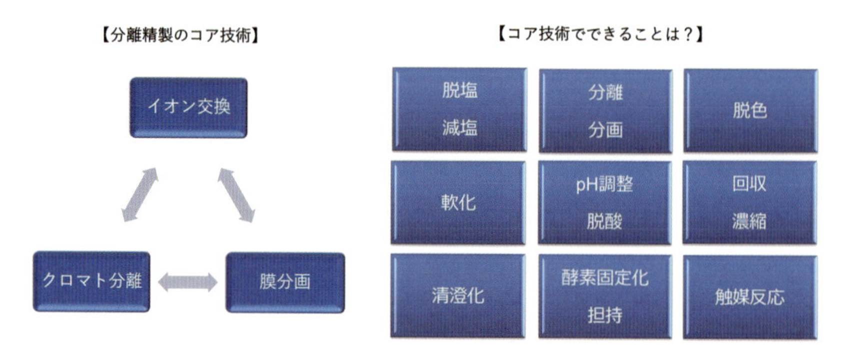

お客様の技術的ニーズに対応するプロセスとしては、まず「基礎検討」を行います。必要に応じて秘密保持契約を締結し、検討内容（精製目的等）を確認し、そし

て、分離材・分離モード等のHPLC（高速液体クロマトグラフ法）によるスクリーニングを実施します。

次に「最適化検討」として工業用分離剤による基礎検討を行い分離プロセスの選定と最適化を実施し、シミュレーションによる分離性能を予測して評価用サンプルをご提供します。

その後「工業化検討」としてベンチ装置による連続運転によりスケールアップデータを採取・解析し、生産性の検討・確認をして市場調査用サンプルを作成します。

そして「工業化」として設備計画・見積もりを行い契約後、装置の詳細設計を進め、実際に装置の納入・試運転を実施して装置引き渡し後にメンテナンスまでを行います。

【図表7-3】分離精製事業の業務プロセス

step 1 基礎検討

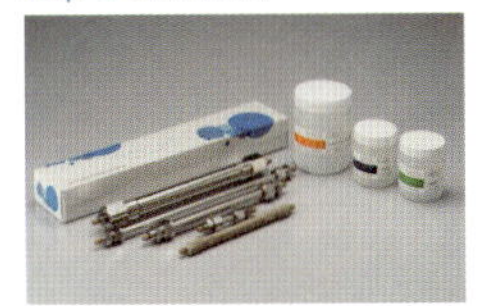

①機密保持契約の締結
②検討内容（製造目的・目的物資等）の確認
③分離剤・分離モードのスクーリング
④精製サンプル評価分析

step 2 最適化

①工業用分離剤による基礎検討
②分離プロセスの選定と最適化
③シュミレーションによる分離性能予測
④評価用サンプルご提供

step 3 工業化検討

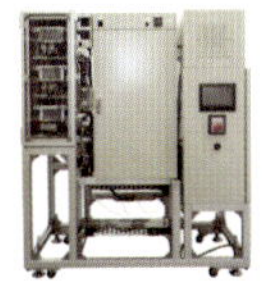

①ベンチ装置による連続運転
②スケールアップデータの採取・解析
③生産性の検討・確認
④市場調査用サンプル作成

step 4 工業化

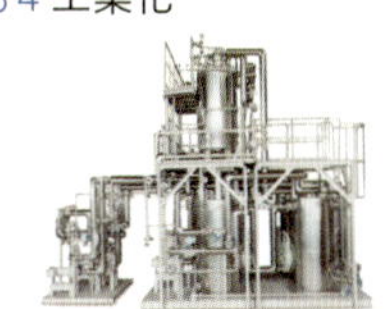

①設計計画・御見積
②ご契約・装置の設計
③装置の搬入・試運転
④メンテナンス

このように分離精製事業では、基礎検討から設備の納入・メンテナンスまでを一気通貫させることで、お客様の目的を迅速に実現することを可能にしています。

上記の基礎検討と最適化検討は分離精製の検討機関である分離精製センターが担っています。

機能性食品素材の分離精製

機能性食品素材の分離精製とは、天然抽出物に含まれる機能性食品素材を分離精製することです。

分離精製の原理としては、多孔質のポリマービーズの分子篩の効果により、原料から目的物のみを吸着分離（あるいは不純物の吸着除去）します。

例えば、ブドウの果汁からブドウポリフェノールを分離したり、茶葉エキスからカテキンを分離できます。あるいは、赤キャベツ抽出物からアントシアニン色素を分離することも可能です。

合成吸着剤の機能は、活性炭の吸着にも似ています。ただし活性炭では吸着したものを回収することができませんが、合成吸着剤はアルコールを通すことによって吸着したものを回収できるので再利用が可能です。

【図表7-4】合成吸着剤の拡大写真

ただし合成吸着剤だけでは使用することができませんので、カラム（樹脂塔）と呼ばれる樹脂を充填する容器も併せてパッケージ販売をしています。

合成吸着剤の使い方には二通りあります。一つは目的物質を合成吸着剤に吸着させて吸着分離する方法で、もう一つは逆に不純物を吸着させて、目的物を素通りさせて分離する方法です。

付着させた物質は合成吸着剤の微細な細孔に入り込んでいますので、樹脂をアルコールに浸すことで膨らませると隙間も広がり、目的物を効率的に取り出すことができます。

【図表7-5】合成吸着剤を使用して機能性食品素材を精製

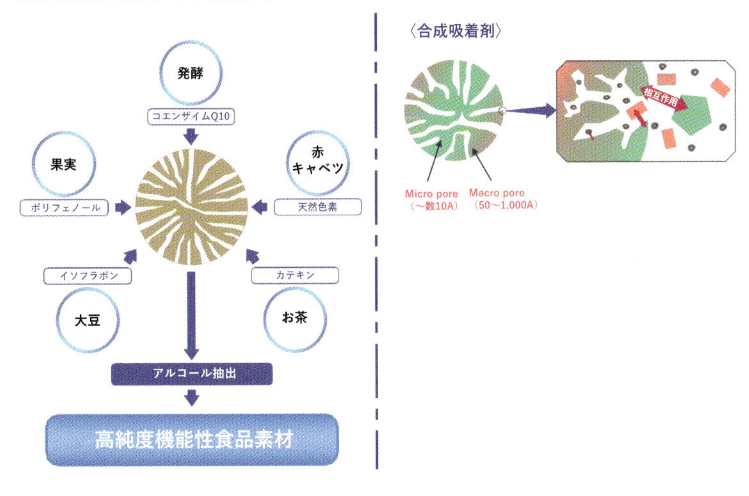

【図表7-6】は、以上のような合成吸着剤の技術を活用した機能性食品の分離精製装置の例です。

【図表7-6】分離精製装置一例

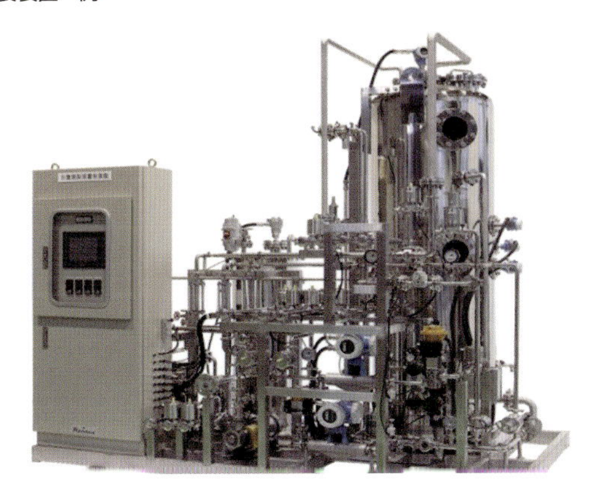

砂糖の精製

イオン交換樹脂を利用して砂糖を精製する工程を説明します。

砂糖の原料はサトウキビだと思われがちですが、日本では実はてんさいを原料とした砂糖のほうが多く生産されています。てんさいはさとう大根やビート大根とも呼ばれます。日本では沖縄でサトウキビが栽培され、北海道でビート大根が栽培されています。

サトウキビやビート大根を搾ると、麦茶色の搾り汁が取れます。この搾り汁をイオン交換樹脂に通すことで、脱色されて透明な液体になります。

この脱色は、サトウキビやビート大根に含まれる色素が強塩基性陰イオン交換樹脂に吸着されることで実現しています。

この強塩基性陰イオン交換樹脂に吸着された色素は食塩水で洗い流せるため、繰り返し使用することができます。色素がNaClのClと置換されるためです。

これで液糖と呼ばれる状態になります。この液糖を結晶化することで砂糖が生成され、結晶化せずに濃縮殺菌するとガムシロップのような甘味料になります。

以前は、砂糖の漂白には亜硫酸ガスが使われていましたが、現在ではイオン交換樹脂による脱色に移行されています。

【図表7-7】砂糖の精製

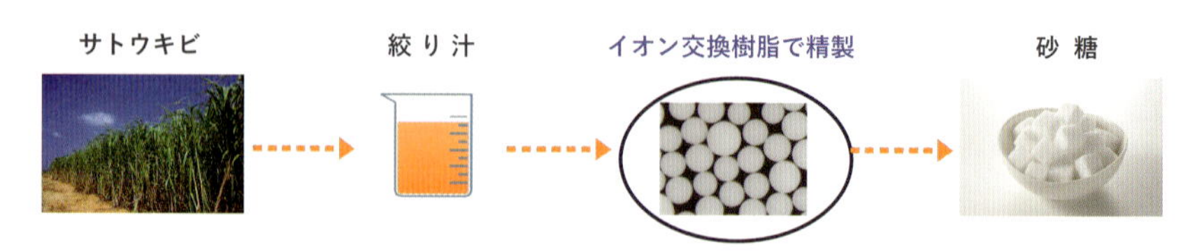

甘味料の分離精製

砂糖以外の甘味料の原料はほとんどが澱粉（でんぷん）です。澱粉糖液を分離精製することで甘味料を生成します。

例えば清涼飲料水の容器に印字された成分表に、「果糖ブドウ糖液糖」と記載されているのを見たことがあると思いますが、この果糖ブドウ糖液糖は異性化糖という甘味料の一種です。

果糖はりんごなどの果実や蜂蜜に多く含まれていて、甘さは砂糖の1.7倍ほどです。

また、ブドウ糖はブドウや柿などに多く含まれていて、動植物の重要なエネルギー源です。

砂糖やブドウ糖の甘みが温度によってあまり変わらないのに対して、果糖は冷やすほど甘みが強くなります。そのため、清涼飲料水では果糖ブドウ糖液糖が使われやすいのです。

澱粉から生成される糖にはブドウ糖や果糖、異性化糖、麦芽糖、水飴（あめ）、オリゴ糖、糖アルコールなどがあります。そしてこれらの糖の精製にも、イオン交換樹脂が使われています。

これらの甘味料の精製プロセスを大まかに説明しますと、例えばアメリカからタンカーで大量のトウモロコシが運ばれてきます。

トウモロコシの芯から取り除いた粒を細かく粉砕します。これが澱粉の粉になります。

澱粉はブドウ糖が結合したものですので、これに酵素と水を加えると澱粉の分子が分解されて液化します。

この液に別の酵素を加えると、糖化してブドウ糖になります。ただ、この段階のブドウ糖はまだ甘みが砂糖の７割ほどですので、さらに別の酵素を加えて甘みの強い果糖に変えます。これを異性化と呼びます。異性化とは、原子の種類は変えないままで配列や結合の仕方を変えた酵素反応（等の化学反応）です。

清涼飲料水に使用されている甘味料は、砂糖やブドウ糖より高甘味度である異性化糖が一般的です。異性化糖は澱粉から製造されます。トウモロコシ澱粉から作られたブドウ糖液は、イオン交換樹脂による脱色脱塩を経て、その後異性化酵素により40%程度のブドウ糖が果糖に変換されます。このブドウ糖・果糖混合液（果糖約40%）は、まだ十分な甘味度ではないため、今度はクロマト分離装置で高果糖の糖液（果糖90%以上）とブドウ糖液に分離します（分離されたブドウ糖液は再び異性化酵素により異性化されます）。そして、ブドウ糖・果糖混合液（果糖約40%）と高果糖の糖液（果糖90%以上）をブレンドし、目的の甘味度を有する異性化糖（果糖約55%）を製造します。

このようにして作られた異性化糖の甘みは砂糖の甘みを上回ります。つまり砂糖よりも少ない使用量で砂糖に近い甘みを出すことができるのです。

【図表7-8】は、クロマト分離装置の例です。

【図表7-8】クロマト分離装置の例

クロマト分離では、目的成分及びその他の成分と、分離材（イオン交換樹脂等）との親和性（選択性）の差異を利用して目的成分を分離します。例えば、複数成分を含む原液をイオン交換樹脂等の分離材を充填したカラムにロードし、その後、溶離液で展開します。すると、各成分が樹脂層内を流れて移動していきますが、そのとき、分離材との親和性の違いにより、各成分の移動速度に差異が生じます。その差を利用して目的成分を分離し、回収する方法がクロマト分離法です。

【図表7-9】クロマト分離の仕組み

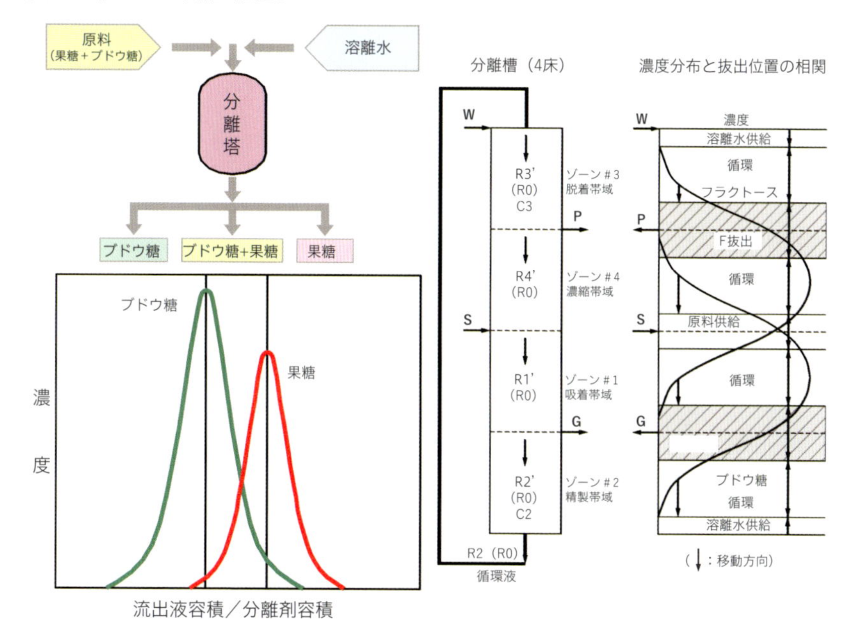

クロマト分離はMCASが得意とする技術で、欧米や中国、韓国、台湾など世界約100カ所への導入実績があります。

例えば難消化性デキストリンという、人の消化酵素では消化されない澱粉の分解物があります。この難消化性デキストリンを使えば、甘くても太りにくい健康的な糖として活用することができます。

また、オリゴ糖はビフィズス菌の増殖に寄与します。

このように、クロマト分離装置は健康に良いとされる機能性食品成分の精製に役立てられています。

減塩醤油の製造

近年、高血圧などで塩分を気にする人が増えたことから、味や風味はそのままで塩分をカットした減塩醤油が選ばれることが増えました。

醤油の塩分を減らすためには、電気透析膜を使用してイオン濃度が高い液体から脱塩するED（電気透析）法が活用されています。醤油の場合は18％ほどの塩分を９％以下に減らします。

電気透析装置は、陽イオン交換膜と陰イオン交換膜で仕切られた室が繰り返されており、原液が入る脱塩室とイオンが透過して集まる濃縮室が交互になっています。

交互に重なった室の両端には電極が設置されており、電圧がかけられると陽イオンであるナトリウムイオン（Na^{+}）は陽イオン交換膜を透過してマイナス極に移動し、陰イオンである塩化物イオン（Cl^{-}）は陰イオン交換膜を透過して＋極側に移動します。

その結果、脱塩室には減塩された醤油が残り、濃縮室には移動してきたイオンがとどまります。

電気透析装置は加熱や加圧を行わないため品質の変化が生じにくいので、醤油などの調味料の減塩に適しています。

【図表7-10】電気透析装置による醤油減塩の仕組み

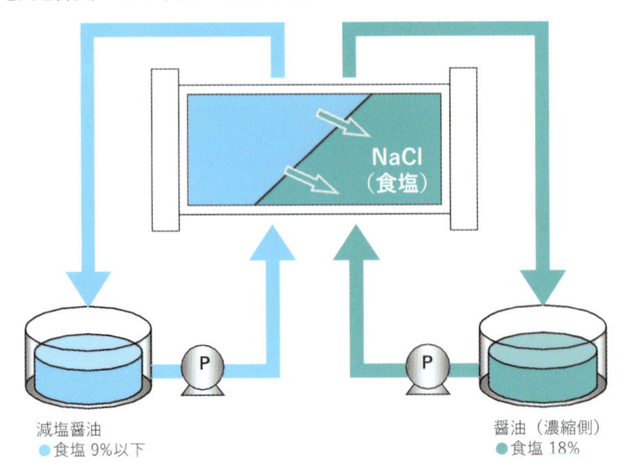

【図表7-11】は、電気透析装置の例です。

【図表7-11】電気透析装置の例

この電気透析の手法は、粉ミルクの原料である乳清タンパク質（ホエイプロテイン）の精製や、ゼラチンやグリセリンなどの加水分解物の粗脱塩、アミノ酸の脱塩などにも活用されています。また、ワインや果汁をおいしくするためにpH調整を行うためにも活用されています。

医薬品原料の分離精製

イオン交換樹脂や合成吸着剤は医薬品原料の分離精製にも多用されています。

低分子医薬品に分類される抗生物質などを合成吸着剤を用いて分離精製するのもその一例です。現在、抗生物質の製造はほとんど海外で行われていますが、海外依存度が高くなり過ぎたリスクを回避するために、国の補助のもとに抗生物質を国産化する動きがあります。

MCASでは抗生物質などの低分子医薬品を分離精製する技術を応用して今後は、中分子ペプチド医薬品の分離精製技術へ展開していきます。

また医薬品原料には大別して発酵系と合成系がありますが、いずれの場合も生産工程中で不純物が混入・生成することがあるため、それを取り除くにはイオン交換樹脂や合成吸着剤が使用されます。

これらの医薬品原料の質は人命に関わるため、部材や装置の配管は徹底的にクリーンな状態で提供しています。

医薬品の分離精製では古くから晶析法や単カラム法が用いられてきました。晶析法とは化合物の精製方法の一種で、混合物から単一化合物を結晶として取り出す手法です。単カラム法は樹脂が入った一つのカラム（単カラム）で分離精製する方法です。

しかしこれらの方法では製品歩留まりが低いため、今後は連続的に分離精製できるクロマト分離法により歩留まりを向上させることが期待されています。

【図表7-12】クロマト分離のテスト機

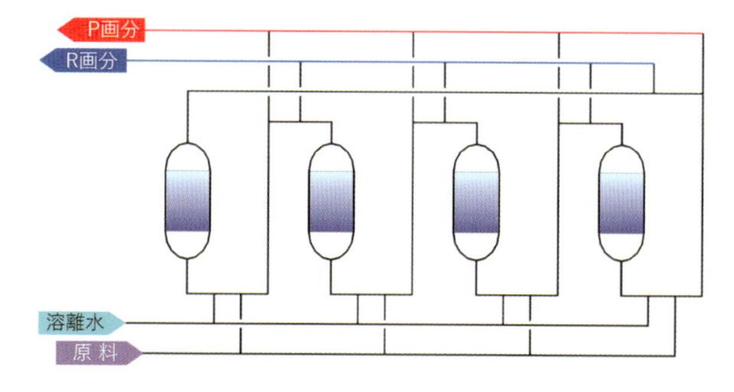

連続クロマト装置は原料と溶離液を注入しながら製品と副製品を同時に抜き出すことができる装置で、製品濃度の濃いゾーンを最適な部分で抜き出すため製品の回収率を上げることができます。

有価金属の回収

貴金属やレアメタルはイオン交換樹脂や合成吸着剤で濃縮回収することができます。

貴金属やレアメタルなどは世界的に生産量が少ないため需要が逼迫（ひっぱく）しています。そのため、これらの有価金属の回収リサイクルが進められています。

その回収方法としてのイオン交換樹脂設備では、濃縮や溶離・回収だけでなく、金属の塩変換を利用した回収プロセスの短縮と効率化に寄与する場合もあります。

例えば金鉱山や金メッキ工場などからの排水中に含まれる微量の金イオンを陰イオン交換樹脂に通すことで金が付着します。この樹脂を焼却することで金だけを回収することができます。

また、近年では製造品に含まれるレアメタルをいかに回収するかについて注目されています。

例えば廃棄されるEVのバッテリー中に含まれるリチウムなどを無機系の吸着剤で回収することも研究が続けられてきており、一部の技術は実用化されています。

このように、限りある天然資源のリサイクルやリユースにおいても分離精製の技術が役立っています。

あとがき

本書は、当社の新入社員向けに、水処理及び分離精製技術の知識向上を目的とした入門書として、2023年9月に制作企画に着手しました。その後、編集・出版をご担当いただいた株式会社ダイヤモンド・ビジネス企画からのご提案で、全国各地の図書館への寄贈を通じ、社外の多くの方々にも水処理関連技術や、地下水処理事業など多岐にわたる弊社の活動をご紹介することを目的に加えて書籍制作プロジェクトが正式にスタートしました。

社内の各部署から担当者を選抜し、ダイヤモンド・ビジネス企画による取材形式で原稿を作り上げていく方法で制作が進みました。資料の収集や担当者のスケジュール調整、原稿の確認など、不慣れな作業に苦労することも多く、関係者にはご迷惑をお掛けしましたが、プロジェクトがスタートしてから約18カ月をかけて、ようやく完成の運びとなりました。

本書を通して、用水、排水処理、分離精製、地下水及び医療用水の技術・製品・サービスについて、理解を深めていただく機会となれば大変光栄です。

最後になりますが、本書の編集にあたり、関連資料や原稿確認などにご協力いただきました三菱ケミカル株式会社知財部の皆様、また出版にあたって多大なご協力をいただきましたダイヤモンド・ビジネス企画の岡田晴彦社長と関係者の皆様に心から感謝の意を申し添えます。

2025年4月

三菱ケミカルアクア・ソリューションズ株式会社（MCAS）
書籍制作チームリーダー　柳川　秀人

MCAS　書籍制作チームメンバー

柳川　秀人　（社長付）
菊池　隆　（エンジ技術統括室　技術管理部）
酢谷　京平　（排水処理事業部　排水処理営業部）
秋山　直樹　（排水処理事業部　O&M部）
髙梨　知久　（排水処理事業部　O&M部）
川﨑　誠　（錬水事業部　用水カスタマー部）
得丸　出　（分離精製事業部）
片柳　慎也　（分離精製事業部　分離精製部）
森川　政幸　（ウェルシィ事業部　地下水技術部）
福田　将男　（ウェルシィ事業部　水質分析センター）
今井　宏文　（ウェルシィ事業部　メディカル部）
山田　耕平　（RD統括室　RD戦略部）
竹中　邦雄　（内部統制推進室）
糸賀　陽子　（経営管理部　総務人事部）
仲丸　未生子　（エンジ技術統括室　エンジニアリング部）

＊メンバーの所属先は、原稿執筆時であります2024年3月末日時点のものです。

索　引

【著者】
三菱ケミカルアクア・ソリューションズ株式会社
1952年に前身の日本錬水株式会社が事業を開始し、70年以上にわたり水処理に関する事業を行ってきた。2019年には地下水飲料化サービスのパイオニアである株式会社ウェルシィ社を統合し、上水から排水までワンストップに事業を拡大してきた。さらに、21年には養液栽培システムを販売する植物工場事業をスタートし、暮らしに欠かせない水を通じて、より豊かで快適かつ環境負荷にも配慮した持続可能な社会の構築に挑戦している。
今後の世界は、人口が100億人に達し、食糧は1.5倍、スマートフォンなど電子デバイスも1.5倍以上の需要が見込まれている。特に工業用水の利用は50年に今の4倍になると予測されている中で、同社は30年後、50年後を見据えている。
長年にわたり培ってきた水処理関連「材」・「装置」・「サービス」の知見・経験を最大限に活かし、食・農業・医療・工業に関連する多様な技術を組み合わせることで、持続可能な事業に貢献するソリューションプロバイダーを目指している。

超入門！ゼロから学ぶ水処理技術
よくわかる最新水処理技術の基本と仕組み

2025年4月22日　第1刷発行

著者 ―――――― 三菱ケミカルアクア・ソリューションズ
発行 ―――――― ダイヤモンド・ビジネス企画
〒150-0002
東京都渋谷区渋谷1丁目6-10 渋谷Qビル3階
https://www.diamond-biz.co.jp/
電話 03-6743-0665(代表)

発売 ―――――― ダイヤモンド社
〒150-8409　東京都渋谷区神宮前6-12-17
https://www.diamond.co.jp/
電話 03-5778-7240(販売)

編集制作 ―――― 岡田晴彦
編集協力 ―――― 地蔵重樹
装丁 ―――――― いとうくにえ
DTP ―――――― 齋藤恭弘
印刷・製本 ――― シナノパブリッシングプレス

ISBN 978-4-478-08517-2